W0268925

# Wissenschaft, Gesellschaft und politische Macht

Herausgegeben von
Erwin Neuenschwander

Springer Basel AG

Adresse des Herausgebers:

PD Dr. Erwin Neuenschwander
Mathematisches Institut
Rämistrasse 74
CH-8001 Zürich

Die Drucklegung dieser Publikation wurde freundlicherweise unterstützt durch die Schweizerische Akademie der Naturwissenschaften.

**Einbandabbildungen**
*Abbildungen oben:* «Turm der Wissenschaften» im Mittelalter; Besuch Ludwigs des XIV. in der Académie des Sciences (nähere Angaben zu diesen Illustrationen im Buchinnern, S. 19 und S. 60).
*Abbildungen unten:* «Göttin des Lichtes», eine von der AEG als Firmenzeichen und Werbeplakat verwendete allegorische Darstellung des Siegeszuges der Elektrizität (ca. 1890, Deutsches Historisches Museum Berlin); umgelegter Hochspannungsmast unweit des Kernkraftwerks Mühleberg im Kanton Bern (1982, B+N).

Deutsche Bibliothek Cataloging-in-Publication Data

**Wissenschaft, Gesellschaft und politische Macht** / hrsg. von
Erwin Neuenschwander. – Basel ; Boston ; Berlin : Birkhäuser,
1993
   ISBN 978-3-0348-9678-8     ISBN 978-3-0348-8557-7 (eBook)
   DOI 10.1007/978-3-0348-8557-7
NE: Neuenschwander, Erwin [Hrsg.]



© 1993 Springer Basel AG
Ursprünglich erschienen bei Birkhäuser Verlag 1993
Softcover reprint of the hardcover 1st edition 1993
Einbandgestaltung: Albert Gomm swb/asg, Basel
Buchgestaltung: Justin Messmer, Basel
Gedruckt auf säurefreiem Papier in Deutschland
ISBN 978-3-0348-9678-8

9 8 7 6 5 4 3 2 1

# Inhalt

# *Vorwort*

Seit 1975 besteht an der Eidgenössischen Technischen Hochschule Zürich und an der Universität Zürich eine Gruppe wissenschaftsgeschichtlich interessierter Dozenten, die sich jeweils semesterweise treffen, um das sogenannte *Wissenschaftshistorische Kolloquium* zu organisieren. Dabei wird jeweils eine bestimmte Fragestellung, ein Sachgebiet oder eine Zeitepoche herausgegriffen, die in einer interdisziplinären Vortragsreihe abgehandelt werden soll. Während in den ersten Jahren die Vortragenden hauptsächlich den beiden Zürcher Hochschulen entstammten, steht uns seit 1982 ein kleiner Etat zur Einladung auswärtiger Referenten zur Verfügung, was unsere Vortragsreihen entscheidend bereichert hat. Der Kreis der bisherigen Veranstaltungen erstreckt sich von den mehr auf Epochen ausgerichteten (I) bis hin zu den rein sachbezogenen Kolloquien (II) und schliesst sich heute zu einer eindrücklichen Gesamtschau der historischen Entwicklung der Wissenschaft, wie die nachfolgende thematisch angeordnete Liste der bereits durchgeführten Vortragsreihen zeigt:
(I) «Griechische Wissenschaft und Technik», «Die Blütezeit der arabischen Wissenschaft», «Der Weg zur Neuen Wissenschaft im 16. und 17. Jahrhundert», «Wissenschaft zur Zeit der Aufklärung», «Mathematik und Naturwissenschaften um 1800», «Wissenschaft um 1900», «Wissenschaft zwischen den beiden Weltkriegen»;
(II) «Philosophie an der Grenze der Naturwissenschaften», «Darwinismus und Evolution», «Die sieben Welträtsel: Von Du Bois-Reymond bis zur Gegenwart», «Zwischen Wahn, Glaube und Wissenschaft: Magie, Astrologie, Alchemie und Wissenschaftsgeschichte», «Geschichte der Natur – Natur als Geschichte», «Der Mensch und die Pflanzen», «Die Alpen: Anfänge ihrer naturwissenschaftlichen Erforschung», «Die kopernikanische Revolution in der Astronomie», «Wahrscheinlichkeitstheorie: Geschichte und Probleme», «Naturwissenschaft und Technik in Zürich», «Paris in der ersten Hälfte des 19. Jahrhunderts – Zentrum der Wissenschaft».
Zwei dieser Veranstaltungsreihen sind überdies auch im «hauseigenen» Verlag der Fachvereine Zürich herausgegeben worden (vgl. die Publikatio-

8

nen von Bergier 1988 und Balmer/Glaus 1990 in der Literaturauswahl zur Einführung am Ende dieses Bandes).

Das kleine Jubiläum des 15jährigen Bestehens unseres Kolloquiums und seine zunehmende Beliebtheit beim Publikum liessen es angebracht erscheinen, ein Zeichen zu setzen und unsere beiden letzten Vortragsreihen einmal einem breiteren Personenkreis zugänglich zu machen, zumal dies dank grosszügigem Entgegenkommen des Birkhäuser Verlages und der Schweizerischen Akademie der Naturwissenschaften in den Bereich des Möglichen rückte. Zudem gibt diese Publikation unserem Gremium Gelegenheit, dem Gemeinwesen für die bereitwillig gewährte Unterstützung zu danken, die unsere Veranstaltung und den heutigen Wissenschaftsbetrieb überhaupt erst ermöglicht. Die soeben abgeschlossenen Vortragsreihen, die sich mit der Entwicklung des Verhältnisses der Wissenschaft zu Gesellschaft und Politik befassten, sind dazu thematisch in höchstem Masse geeignet, ja geradezu prädestiniert.

Der hier vorgelegte Band beruht auf den Vorträgen, wie sie im akademischen Jahr 1989/90 an der Zürcher Universität im Rahmen des Wissenschaftshistorischen Kolloquiums gehalten wurden. Dabei ist allerdings zu bemerken, dass einige Referenten infolge Arbeitsüberlastung ihren Vortrag nicht für eine Publikation ausarbeiten konnten und dass es sich um eine Sammlung unabhängig voneinander gehaltener Vorträge handelt. Der Herausgeber hat sich zwar bemüht, die dadurch bedingten Unausgewogenheiten nach Möglichkeit auszugleichen, indem er einerseits Herrn Professor Ziswiler bat, als Ersatz für die entfallenen Vorträge zur Biologie einen neuen Beitrag zu verfassen, und andererseits der Publikation neben der Einführung eine umfangreiche Zusammenstellung mit weiterführender und ergänzender Literatur beigab. Dass es trotzdem nicht möglich war, dem Gegenstand voll gerecht zu werden, liegt in der Natur derartiger Publikationen – und wohl auch am Thema selbst.

Zum Abschluss möchte ich allen Mitgliedern unseres Gremiums und den Autoren der Beiträge für ihre entgegenkommende Hilfe und Mitarbeit bei der Herausgabe des Bandes danken. Ein ganz besonderer Dank geht an Herrn Peter Moser, der den Vortrag von Herrn Professor Seibold für den Druck ausarbeitete und mir bei der Redaktionsarbeit und der Durchsicht der Korrekturen behilflich war. Gedankt sei ferner dem Birkhäuser Verlag für die gediegene Ausstattung des Bandes und der Schweizerischen Akademie der Naturwissenschaften für ihren grosszügigen Druckkostenzuschuss. Sie alle haben Anteil am Gelingen dieses Bandes; ohne ihre Unterstützung wäre er nicht zustandegekommen.

*Zürich, im November 1991*
*E. Neuenschwander*

# Einführung

*Erwin Neuenschwander*

Der alles dominierende Einfluss der Wissenschaften, wie wir ihn heute beobachten können, ist eine Erscheinung des 20. Jahrhunderts. Während in vergangenen Zeiten die Geschicke der Völker vor allem durch politische, militärische oder wirtschaftliche Machtfaktoren bestimmt wurden, sind diese in unserem Jahrhundert zunehmend von der Wissenschaft überlagert worden: Seit dem letzten Weltkrieg ist die Spitzentechnologie der eigentliche Schlüssel zu wirtschaftlicher und militärischer Macht. Es erstaunt deshalb nicht, dass sich die Forschungsaufwendungen der Industrienationen in den letzten 30 Jahren verfünffacht haben, selbst wenn man inflationsbereinigte Zahlen zugrunde legt. Gleichzeitig verlagerte sich die Grundlagenforschung zunehmend von den Universitäten in ausseruniversitäre Forschungseinrichtungen wie z. B. Regierungs- oder Firmenlaboratorien, wodurch die wissenschaftliche Forschung von politischen und wirtschaftlichen Gruppierungen in immer stärkerem Masse als Machtinstrument eingesetzt werden kann.

Das Verhältnis zwischen Wissenschaft, Gesellschaft und politischer Macht ist im Zuge dieser Entwicklung in den Brennpunkt öffentlicher Diskussionen und auch der Kritik gerückt. Die Organisatoren des Wissenschaftshistorischen Kolloquiums hielten es deshalb für angebracht, diesen Fragenkomplex im Kolloquium einmal in seiner ganzen interdisziplinären Breite und historischen Entwicklung zu analysieren. Hierzu veranstalteten wir im Wintersemester 1989/90 zunächst die Vortragsreihe *Die Wissenschaft und ihre gesellschaftlichen Träger*, deren Gegenstand die historische Wandlung des Beziehungsfeldes zwischen Wissenschaft und Gesellschaft von der Antike bis hin zur dominierenden Ausdehnung des heutigen Wissenschaftsbetriebes war. Die Geschichte stellt uns einen reichen, viel zu wenig benutzten Erfahrungsschatz zur Verfügung, der zu einem besseren Verständnis der gegenwärtigen Situation verhelfen könnte und zugleich Alternativen für die künftige Gestaltung dieses Verhältnisses aufzeigt. In der anschliessenden Vortragsreihe *Wissenschaft und politische Macht* im Sommersemester 1990 wurden die entscheidenden letzten 50 Jahre dieser Entwicklung unter dem spezielleren Gesichtspunkt des Verhältnisses der Wissenschaft zur herrschenden politischen Macht genauer betrachtet. Dabei bot sich Gelegenheit, auf die aktuelle Gefahr einer missbräuchlichen Verwendung von Wissenschaft einzugehen, wie sie zum Beispiel besonders drastisch im Dritten Reich, aber auch in anderen totalitären Staaten geübt wurde, und zugleich auf Lösungsmöglichkeiten für ein zukünftiges Europa hinzuweisen. Bezeichnenderweise hat sich ein Semester später auch die interdisziplinäre Ringvorlesung der Universität und der ETH Zürich diesem höchst aktuellen Fragenkomplex zugewandt, indem sich ihre Referenten mit dem im 19. Jahrhundert geprägten Ideal der absoluten Forschungsfreiheit auseinandersetzten.[1]

Die Wissenschaft ist ein relativ junges Phänomen in der Menschheitsgeschichte. Der Mensch existiert zwar bereits seit etwa einer Million Jahren, Wissenschaft selbst lässt sich jedoch höchstens während der letzten vier- bis sechstausend Jahre nachweisen, und ihr eigentlicher Siegeszug begann sogar erst vor etwa 500 Jahren mit der Renaissance und der nachfolgenden, allmählich zunehmenden technologischen Umsetzung ihrer Resultate. Die Wissenschaft wurde im Laufe ihrer kurzen Geschichte aus sehr unterschiedlichen Motiven betrieben und von ganz verschiedenen gesellschaftlichen Schichten getragen; es erscheint uns deshalb angebracht, zur Einführung hier etwas weiter auszuholen und die einzelnen Vortragsthemen in einen grösseren Zusammenhang zu stellen.

In den frühen Hochkulturen waren zunächst vor allem Priester sowie später auch Palastbeamte und Schreiber wissenschaftlich tätig. Die Priester Ägyptens und Sumers hatten mit ihren Tempelanlagen teils grosse Wirtschaftsunternehmen zu verwalten: sie mussten Einnahmen und Ausgaben abrechnen und die Versorgung mit Nahrungsmitteln und anderen Gütern sicherstellen. Sie entwickelten deshalb eine Art von Buchführung mit Symbolen, aus der später, wie gewisse Wissenschaftler vermuten, die Schrift und eine erste praktische Arithmetik entstanden. Ferner waren sie für die Aufstellung des Kalenders verantwortlich, was den Anstoss zur Astronomie gegeben haben könnte. Es erstaunt deshalb nicht, dass Pythagoras – nach der Überlieferung bei Iamblichos – von den Priestern Ägyptens in die Sternkunde und Geometrie eingeführt worden sein soll, und auch Aristoteles führt den Ursprung der mathematischen Wissenschaften auf die Priester Ägyptens zurück, da diese die hierzu nötige Musse gehabt hätten.

Im alten Griechenland befreite sich die Wissenschaft von der Bindung an die praktische Anwendung, die sie in den vorangegangenen Hochkulturen noch weitgehend geprägt hatte: Nach Platos Vorstellungen sollte sie fortan ausschliesslich der Erlangung reiner Erkenntnis mit dem Ziel der

Ideenschau dienen. Plato wies den Wissenschaften und ganz speziell der Mathematik innerhalb seines philosophischen Systems einen ausgezeichneten Platz zu, und Aristoteles gab in seinen Schriften eine enzyklopädische Darstellung der damaligen wissenschaftlichen Kenntnisse, die bis zur Renaissance im Zentrum der Auseinandersetzungen stehen sollte. Hinsichtlich ihrer sozialen Herkunft gehörten die Wissenschaftler in der Antike meist der Klasse der freien Bürger an und waren vielfach von Haus aus wohlhabend.

Nach dem fortschreitenden Verfall der griechischen Wissenschaft unter den mehr praktisch orientierten Römern und den Wirren der Völkerwanderung setzte in Europa erst ums Jahr 800 wieder ein wissenschaftlicher Aufschwung ein. Wissenschaft wurde in jener Zeit fast ausschliesslich im Schosse der christlichen Kirche betrieben und zunächst zur Auslegung der in einigen Punkten schwer verständlichen biblischen Schöpfungsgeschichte benötigt. Obwohl man das Mittelalter in Anlehnung an das Urteil der Humanisten lange als eine dunkle und wissenschaftlich unfruchtbare Periode beiseite geschoben hat, darf doch nicht unterschlagen werden, dass unsere abendländische Kultur mehrere auch heute noch bestehende Institutionen dem Mittelalter verdankt. In unserem Zusammenhang sind vor allem die Universitäten wichtig, deren erste im 12. Jahrhundert zunächst in Bologna, Paris und Oxford entstanden und denen bei der Verarbeitung des – zunächst v. a. durch die Araber vermittelten – griechischen wissenschaftlichen Erbes eine wichtige Rolle zukam. Den mittelalterlichen Universitäten und ihrem Lehrbetrieb ist der von *Menso Folkerts* verfasste erste Beitrag dieses Bandes gewidmet.

Bereits im Mittelalter kam es zu einem heftigen Zusammenprall zwischen Wissenschaftlern und der herrschenden gesellschaftlichen und politischen Macht, d. h. in diesem Fall der Kirche. Nach einer Intervention des Papstes verbot der Bischof von Paris im Jahre 1277 den Gelehrten der Pariser Universität, 219 Thesen weiterhin zu diskutieren, die mit der Lehrmeinung der Kirche im Widerspruch standen oder sie ins Lächerliche zogen (Infragestellung der Fähigkeit Gottes zu freiem und unvorhersehbarem Handeln, der Möglichkeit von Wundern usw.).[2] Dieses Kräftemessen zwischen Wissenschaftlern und Kirche setzte sich in den nachfolgenden Jahrhunderten fort und erreichte 1633 seinen paradigmatischen Höhepunkt, als Galileo Galilei (1564–1642) wegen Verfechtung der kopernikanischen Lehre von der Kirche verurteilt wurde.

Mit dem Aufblühen des Handels zunächst in Italien und anschliessend in ganz Mitteleuropa kam es allmählich zu einer Erstarkung der Städte und der weltlichen Herrscher, was auch zu einer Verschiebung der wissenschaftragenden Schichten führte. Während die Wissenschaftler im

Mittelalter, wie bereits erwähnt, meist dem Umfeld der Kirche entstammten, standen sie in der nachfolgenden Renaissance und der frühen Neuzeit häufig im Dienste von Städten und Fürsten, die sich ihrer entweder zur Wahrung ihrer merkantilen oder persönlichen Interessen, oder zusammen mit den Künstlern zur Repräsentation ihrer neugewonnenen Macht bedienten. Die Ingenieure und zunftfreien Künstler bildeten neben den Humanisten und den scholastischen Universitätsgelehrten eine für die Entwicklung zur neuzeitlichen Wissenschaft besonders wichtige Gruppe: die experimentierende «Neue Wissenschaft» wäre ohne die Rezeption der (höheren) Handwerkertraditionen durch die akademischen Gelehrten nicht denkbar gewesen.[3] Arbeitsweise und Selbstverständnis der Wissenschaftler wandelten sich demzufolge im 17. Jahrhundert gründlich, so dass nicht nur die Scholastiker, sondern auch die Gelehrten des humanistischen Typus in starkem Masse an gesellschaftlicher Anerkennung verloren. In der zweiten Hälfte des Jahrhunderts erkannten auch die Fürstenhöfe den ökonomischen Nutzen der neuen Wissenschaft immer deutlicher. *Helmut Holzhey* zeichnet diese Veränderungen anhand ihrer Spiegelungen in der Begriffsgeschichte der Bezeichnung «Philosoph» nach, der sich Wissenschaftler und wissenschaftliche Institutionen selbst noch heute gern bedienen.

Die meist nicht an den Universitäten tätigen neuen Gelehrten schufen auch neue Formen des wissenschaftlichen Gedankenaustausches, nämlich die sogenannten «Briefwechsel-Republiken» und die wissenschaftlichen Gesellschaften. Unter den ersteren ist vor allem der Gelehrtenkreis zu nennen, der sich um den französischen Minoritenpater Marin Mersenne (1588–1648) bildete und durch ihn in einem ständigen brieflichen Austausch stand. Zu den wichtigsten neuentstandenen wissenschaftlichen Gesellschaften und Akademien gehörten andererseits die Accademia dei Lincei in Rom (gegründet um 1600), die Londoner Royal Society (gegründet 1660) und die Pariser Académie des Sciences (gegründet 1666). Ihnen folgten bald zahlreiche weitere, welche das wissenschaftliche Leben bis auf den heutigen Tag bereichern. Mit diesen neuentwickelten Formen des wissenschaftlichen Gedankenaustausches befasste sich der Vortrag von *François de Capitani* über die Sozietätsbewegung im 18. Jahrhundert.

Von entscheidender Bedeutung für die Entwicklung der neuzeitlichen Wissenschaft war auch die französische Aufklärung, nicht zuletzt der Beitrag der «philosophes», sowie die sich ab Mitte des 18. Jahrhunderts zunächst in England ankündigende industrielle Revolution. Die Beziehungen zwischen der Industrialisierung und der weiteren Entfaltung der Wissenschaft behandelt der Beitrag von *Peter Mathias,* wobei er speziell die Wechselwirkungen zur Geologie, Chemie und Medizin analysiert.

In der zweiten Hälfte des 19. Jahrhunderts kommt es mit der Entstehung der Grossindustrie zu einer zunehmenden Verwissenschaftlichung der Produktion, indem naturwissenschaftliche Forschungsergebnisse zur Grundlage der industriellen Herstellung werden. Dies führt zur Schaffung zahlreicher Arbeitsplätze für Naturwissenschaftler in der Industrie, was wiederum einen beschleunigten Ausbau des Gymnasialwesens, der technischen Hochschulen und der Universitäten nach sich zieht. Gleichzeitig beginnt der Staat bereits gegen Ende des 19. Jahrhunderts auch erste wissenschaftliche Grossforschungseinrichtungen zu organisieren und zu finanzieren: in Deutschland zum Beispiel die 1887 gegründete Physikalisch-Technische Reichsanstalt.[4] Der Wissenschaftsbetrieb entwickelte sich so allmählich zu einem gewichtigen Beschäftigungs- und Wertschöpfungsfaktor in den Volkswirtschaften der europäischen Nationalstaaten und befriedigte gleichzeitig ihr Bedürfnis nach Selbstdarstellung. Dem deshalb vom Staat zumindest seit Beginn der neuhumanistischen Bildungsreform bereitwillig geförderten Ausbau der Gymnasien und der Universitäten war der letzte Vortrag im Wintersemester 1989/90 von *Hermann Lübbe* gewidmet.

Die tiefgreifende Bedeutung naturwissenschaftlicher Forschung für die moderne Gesellschaft und Volkswirtschaft ist heutzutage offensichtlich. In fast allen Bereichen des täglichen Lebens, der Infrastruktur (Verkehr, Kommunikation usw.) und der industriellen Produktion werden Techniken angewandt, die auf naturwissenschaftlichen Forschungsergebnissen beruhen und die unser Leben in immer stärkerem Masse bestimmen. Andererseits ist ebenso klar, dass umgekehrt auch die wissenschaftliche Forschung heute ganz entscheidend von der Gesellschaft insgesamt abhängig ist, weil die vom Wissenschaftsbetrieb benötigten Riesensummen von den beteiligten Wissenschaftlern nicht mehr – wie in früheren Jahrhunderten – selbst aufgebracht werden können. Selbstverständlich ist diese Finanzierung durch die Gesellschaft mit Erwartungen verknüpft, welche die Wissenschaft wenigstens ansatzweise erfüllen muss, um der dringend benötigten Mittel nicht verlustig zu gehen. Aus diesem Spannungsfeld ergibt sich die schwierige, im Rahmen unserer zweiten Vortragsreihe diskutierte Frage, ob diese materielle Abhängigkeit der Wissenschaft auch eine substantielle Abhängigkeit nach sich zieht, indem die Inhalte der Wissenschaft entweder direkt oder indirekt durch die Gesellschaft mitbestimmt werden.
Diese Frage ist in den vergangenen Jahren je nach ideologischem und gesellschaftlichem Standpunkt des Betrachters ganz unterschiedlich beantwortet worden. Während Marxisten und auch Soziologen eine derartige Beeinflussung im allgemeinen bejahen, wird diese von zahlreichen Naturwissenschaftlern zumindest bezüglich der Grundlagenforschung verneint.

So bestreitet zum Beispiel der theoretische Physiker Peter Mittelstaedt die Möglichkeit gesellschaftlicher Einflussnahme auf die Theorienbildung in der Physik wegen der starken Kohärenz und Selbstkonsistenz dieser Wissenschaft.[5] Als Belege führt er eine Reihe von Beispielen aus der neueren Physikgeschichte an, wo solche direkt ausgeübten Einflussversuche jedesmal fehlgeschlagen sind. Sein erstes Beispiel ist die Bekämpfung der speziellen Relativitätstheorie Albert Einsteins in Nazideutschland mit der Begründung, sie sei eine dem deutschen Wesen fremde und daher abzulehnende Theorie.[6] Als wichtigsten Exponenten dieser Bestrebungen nennt er den deutschen Physiker Philipp Lenard (1862–1947), der 1936/37 ein vierbändiges Lehrbuch mit dem Titel «Deutsche Physik» publizierte. Die ungewöhnlich dürftigen Ergebnisse dieses und anderer Versuche, eine annehmbare Alternativtheorie zur speziellen Relativitätstheorie zu formulieren, führten wenig später dazu, dass die Einsteinsche Theorie auch in Deutschland wiederum als die einzige den empirischen Tatsachen entsprechende Theorie allgemein anerkannt wurde, ohne dass damit freilich das grundsätzliche Problem der politischen Beeinflussbarkeit der Naturwissenschaften befriedigend zu Ende diskutiert worden wäre.

Ein weiteres Beispiel liefert die erfolglose Bekämpfung der Einsteinschen Theorien und der Heisenberg-Schrödingerschen Quantentheorie in der Sowjetunion in den Jahren 1947 bis 1961. Mittelstaedt verneint jedoch auch die Möglichkeit einer substantiellen indirekten Beeinflussung der Physik durch die Gesellschaft, indem etwa gewisse Forschungsprogramme gezielt gefördert werden. Seiner Ansicht nach werden derartige Bemühungen über einen längeren Zeitraum betrachtet ohne sichtbare Wirkung bleiben, da infolge der inneren Kohärenz der Physik und des systematischen Zusammenhanges aller naturwissenschaftlichen Phänomene ein aus solchen Förderungen resultierender Vorsprung eines Gebietes stets ausgeglichen wird.

Trotz der beruhigenden Feststellung Mittelstaedts, dass die Physik an sich durch die Gesellschaft nicht signifikant manipuliert werden kann, ist das Problem damit unseres Erachtens keineswegs gelöst: Zum einen wäre nachzufragen, ob Mittelstaedts Aussage auch für andere, weniger kohärente Naturwissenschaften, wie z. B. die Biologie, Geltung hat. Zum anderen ist der ambivalente Charakter und der damit ermöglichte Missbrauch naturwissenschaftlicher Forschungsresultate in Rechnung zu stellen. Diese können sowohl zum Nutzen als auch zum Schaden der Menschheit verwendet werden, was spätestens seit den Entdeckungen, die zur technischen Nutzung der Atomenergie und der Genetik geführt haben, auch der breiten Öffentlichkeit drastisch bewusst geworden ist. Es schien uns deshalb angebracht, den Fragenkomplex um das Verhältnis zwischen Wissenschaft und politischer

Macht in einer weiteren Veranstaltungsreihe detaillierter anzugehen. Ein besonders lohnendes Forschungsfeld bieten dabei für ein wissenschaftshistorisches Kolloquium sicher die Vorkommnisse im Dritten Reich, wo die Wissenschaften in grauenhafter Weise von den herrschenden Politikern missbraucht wurden. Die NS-Zeit ist in den letzten Jahren von mehreren Wissenschaftshistorikern aufgearbeitet worden, so dass wir heute durchaus signifikante Aussagen erwarten können. Ihr waren deshalb mehrere Vorträge unserer zweiten Vortragsreihe gewidmet, von denen hier allerdings nur der Beitrag von *Armin Hermann* veröffentlicht wird. Dieser behandelt die Folgen der nationalsozialistischen Machtergreifung für die Physik in Deutschland. Andere Themen betrafen die Bedeutung der deutschen physikalischen Forschung für das Rüstungswesen im Dritten Reich und die Auswirkungen der nationalsozialistischen Humangenetik auf die Juden, Zigeuner und Geisteskranken, wofür wir die Leser auf die bereits früher publizierten Vorträge und Schriften zu diesen Fragen verweisen müssen.[7]

Selbstverständlich gibt es noch eine Menge anderer Problemkreise, an denen das Spannungsfeld zwischen Wissenschaft, Gesellschaft und politischer Macht studiert werden kann, die im Rahmen unseres Kolloquiums aus Zeitgründen nur teilweise behandelt werden konnten. Hierzu gehören die «Vergewaltigung» der Wissenschaft in anderen totalitären Staaten (z. B. der «Fall Lyssenko» in der russischen Biologie), die monopolistische Beschränkung des Zugangs zur Spitzentechnologie in den kapitalistischen Staaten (Exportverbot, Patentschutz usw.) mit ihren negativen Auswirkungen für die Entwicklungsmöglichkeiten der Dritten Welt, die teils schrecklichen Folgen der militärischen und zivilen Nutzung der Kernspaltung (Atombombe[8], «Tschernobyl» usw.) sowie der militärischen Forschung insgesamt, in der nach W. K. H. Panofsky[9] heute beinahe die Hälfte aller Wissenschaftler tätig sind, die verheerenden Umweltschäden durch hemmungslose Industrialisierung und Wachstumswirtschaft (Luftverschmutzung, Klimaveränderung, Entsorgungsmisere, Raubbau an natürlichen Ressourcen), die ethische und gesellschaftliche Problematik der modernen Gentechnologie, Computertechnik und Apparatemedizin und der zum Teil damit verbundenen Bevölkerungsexplosion, die mangelnde ethische und politische Verantwortung und Ausbildung der Wissenschaftler usw. Für all diese Themen sei ebenfalls auf die am Ende dieses Bandes zusammengestellte umfangreiche Literaturliste verwiesen sowie auf den nachträglich verfassten Beitrag von *Vincent Ziswiler*, der die Wechselwirkungen zwischen Wissenschaft, Gesellschaft und Politik aus der Sicht eines Naturwissenschaftlers am Beispiel der Biologie exemplarisch darstellt.

Trotz all der Probleme, welche die moderne Wissenschaft mit sich bringt, dürfen – und sollen – deren Errungenschaften keinesfalls unterbewertet werden, da gerade sie vielleicht auch Lösungen für die obenerwähnten Probleme und damit den Weg in eine bessere Zukunft ermöglichen (Befreiung von schwerer und monotoner körperlicher Arbeit, Vergrösserung des materiellen Wohlstandes und der persönlichen Freiheit, verbesserte Gesundheitsfürsorge, neue Technologien zur Verringerung der Umweltschäden, der Probleme der Bevölkerungsexplosion, des Risikos eines neuen Weltkrieges usw.). Der letzte unserer Beiträge behandelt deshalb den gesamten Fragenkomplex, dem ambivalenten Charakter wissenschaftlicher Forschungsresultate gemäss, wiederum aus einem eher positiven und optimistischen, aber darum nicht weniger aktuellen Gesichtswinkel. *Eugen Seibold* beleuchtet die Problematik und die Chancen der Wissenschaft in einem zukünftigen Europa und zeigt, zusammenfassend gesagt, dass die europäische Wissenschaft unter verbesserten Rahmenbedingungen durchaus Chancen hat, ihre ehemals führende Rolle zum ökonomischen Wohl unseres Kontinents zurückzugewinnen.

## Anmerkungen

1 Die Vorträge dieser Reihe wurden inzwischen unter dem Titel *Forschungsfreiheit: Ein ethisches und politisches Problem der modernen Wissenschaft* beim Verlag der Fachvereine an den schweizerischen Hochschulen und Techniken publiziert. Für genauere Angaben zu dieser Publikation vgl. Holzhey/Jauch/Würgler 1991 in der Literaturauswahl zur Einführung am Ende dieses Bandes.
2 Für nähere Angaben vgl. den Beitrag von Folkerts oder z. B. Grant 1980, S. 49 ff.
3 Vgl. Zilsel 1976, S. 23 ff. und Böhme/Daele/Krohn 1977, bes. S. 61 ff.
4 Vgl. hierzu Vierhaus/Brocke 1990.
5 Vgl. Peter Mittelstaedt, *Naturwissenschaft und Gesellschaft*. In: Mittelstaedt 1972, S. 1–14.
6 Vgl. zu diesem ersten Beispiel von Mittelstaedt auch den nachfolgenden Beitrag von Armin Hermann sowie z. B. Walker 1990, S. 79 ff.
7 Eine kleine Auswahl der diesbezüglichen Schriften findet sich in der am Ende des Bandes beigefügten Literaturliste.
8 Für eine Übersicht zu den Büchern über die Atombombe vgl. Seidel 1990.
9 Vgl. Opolka 1984, S. 175. Ähnliche Aussagen findet man auch bei Böhme 1984, S. 191 ff.

# Wissenschaft an den Universitäten des Mittelalters

*Menso Folkerts*

## 1. Begrenzung des Begriffs «Wissenschaft» auf die Naturwissenschaften: die «artes liberales» und die Schriften des Aristoteles

Der heutige Wissenschaftshistoriker befindet sich in einem Dilemma, wenn er über das Thema «Wissenschaft an den Universitäten des Mittelalters» vortragen soll. Dieses Dilemma entsteht vor allem dadurch, dass die Vorstellung, die wir heute mit dem Begriff «Wissenschaft» verbinden, durchaus nicht mit dem identisch ist, was man im westlichen Mittelalter unter dem Wort *scientia* verstand. Auch wenn man die «Wissenschaft» auf die «Naturwissenschaft» einschränkt – dies werde ich im folgenden tun –, wird die Schwierigkeit nicht geringer. Es wäre jedenfalls verfehlt, wollte man den Begriff der heutigen Naturwissenschaften auf das Mittelalter übertragen. Vielmehr sind unsere naturwissenschaftlichen Disziplinen: Astronomie, Physik, Chemie, Biologie, Geographie und sonstige Geowissenschaften und auch die Mathematik, die in Wirklichkeit den Geisteswissenschaften zuzurechnen ist, in der Antike und auch im Mittelalter durchaus unterschiedlich eingeschätzt worden.

Im grossen und ganzen gab es im westlichen Mittelalter zwei Zugänge zu dem, was wir heute «Naturwissenschaften» nennen: einmal das Quadrivium, zum anderen das Studium der Schriften des Aristoteles. Ich möchte dies ein wenig erläutern.

Das Quadrivium umfasste die mathematischen Wissenschaften, genauer gesagt, die vier Fächer Arithmetik, Geometrie, Astronomie und Musiktheorie. Es ging zurück auf die vier Lehrfächer, *mathemata,* welche die Pythagoreer schon im 6. und 5. Jahrhundert v. Chr. betrieben hatten: die Arithmetika (im Sinne von Zahlentheorie), Geometria (Geometrie), Astrologia (im Sinne von Astronomie) und Harmonika (Musiklehre). Diese vier Fächer wurden auch zum Bestandteil des römischen Unterrichts, insbesondere dadurch, dass Varro (116–27 v. Chr.) sie in seine weit verbreitete, heute aber verlorene Enzyklopädie *De disciplinis* aufnahm. Varro behandelte in seiner Schrift ausser den vier genannten Fächern noch fünf weitere Disziplinen: Grammatik, Dialektik, Rhetorik, Medizin und Architektur. Die ersten drei davon, also Grammatik, Dialektik, Rhetorik, wurden in der Spätantike mit den vier Fächern des Quadriviums zusammengefügt zu den sieben *artes liberales*. Der Begriff *artes liberales* für diejenigen Wissenschaften, die eines freien Mannes würdig sind (daher der Name), begegnet uns zuerst bei dem römischen Schriftsteller Quintilian (1. Jahrhundert n. Chr.). Cassiodor (um 488–575) übernahm die genannten sieben Wissenschaften in sein Werk *Institutiones divinarum et saecularium litterarum* (Anleitung zur Lektüre der göttlichen und weltlichen Schriften), das für die Bildung im christlichen Abendland massgeblich werden sollte; das 2. Buch dieser Schrift, über die weltlichen Lehren, behandelt die sieben *artes liberales* in der Reihenfolge: Grammatik, Rhetorik, Dialektik, Arithmetik, Musik, Geometrie, Astronomie. Diese *artes* bilden den weltlichen Wissensstoff, den die Christen lernen sollten. Durch Cassiodor wurde der Begriff *artes liberales* im Mittelalter zu einer Standardbezeichnung, und das Schema der sieben freien Künste wurde massgeblich für das folgende Jahrtausend.[1]

Ich habe erwähnt, dass die *artes liberales* in die drei philologischen Disziplinen Grammatik, Rhetorik, Dialektik und die vier mathematischen Disziplinen Arithmetik, Musik, Geometrie, Astronomie zerfallen. Der Ausdruck *quadrivium* als Kreuzweg der viergeteilten mathematischen Wissenschaften findet sich erstmals in der Arithmetik des Boethius, die um 500 entstand. Dass der Begriff *trivium* für die drei übrigen Wissenschaften später einen Bedeutungswandel hin zu «trivial» erlebte, zeigt, dass die Disziplinen des Quadriviums als schwerer angesehen wurden als das Trivium. Jedenfalls wurden unter dem Einfluss der Schriften des Boethius die Ausdrücke *trivium* und *quadrivium* für das gesamte Mittelalter Gemeingut, und die *artes liberales* bildeten den hauptsächlichen Unterrichtsgegenstand an der untersten Fakultät der Universitäten, die nach den *artes liberales* als «Artistenfakultät» bezeichnet wurde.

Während die Disziplinen des Quadriviums die Wissenschaften betreffen, die mit der Mathematik zusammenhängen, wurden andere Inhalte, die wir heute den Naturwissenschaften zurechnen, insbesondere die Physik, Biologie und Ansätze zu einer Chemie, auf der Grundlage der Schriften des Aristoteles (384–322 v. Chr.) studiert. Schon früh hatte man im Westen erkannt, dass die aristotelische Weltauffassung einen umfassenden, synthetischen Charakter hat, dass man Aristoteles in keiner Weise nur als Vertreter eines einzelnen Wissenszweiges betrachten kann, sondern dass sein

«Turm der Wissenschaften». Nicostrata, die angebliche Erfinderin der lateinischen Schrift führt einen Schüler in das *triclinium philosophiae* (Kosthaus der Philosophie) ein. Auf dem drittletzten und vorletzten Stockwerk erblickt man die Vertreter der *artes liberales*, darunter für das Quadrivium Boethius (Arithmetik), Pythagoras (Musiktheorie), Euklid (Geometrie) und Ptolemaios (Astronomie). Aus: Gregor Reisch, *Margarita Philosophica*, Erstausgabe 1503.

Denken vielmehr alles umfasste, was überhaupt einer wissenschaftlichen
Behandlung zugänglich schien, angefangen bei einem so konkreten Gegenstand wie der Zoologie bis zur allgemeinen Seinslehre. Als im 12. und
13. Jahrhundert die Werke des Aristoteles durch die Übersetzungen aus
dem Arabischen wieder zugänglich wurden – darüber später mehr –, er-
kannte man sofort intuitiv, dass sich hier endlich das bot, was das Christentum von Anfang an gesucht, aber noch nicht gefunden hatte: ein philosophisches System, das mit der christlichen Glaubenslehre in Harmonie gebracht werden konnte und das dadurch in der Lage war, der Dogmatik eine
rationale Untermauerung zu verschaffen. Es waren vor allem Mitglieder
des Franziskaner- und des Dominikanerordens, insbesondere Alexander
von Hales, Albertus Magnus und Thomas von Aquin, denen es im 13. Jahrhundert gelang, die gefährlichen Elemente, welche die Lehre des Aristoteles insbesondere in der aus dem Arabischen kommenden Interpretation
enthielt, unschädlich zu machen und diejenigen Teile in den Vordergrund
zu stellen, die sich zur philosophischen Fundierung des Christentums eig-
neten. Dadurch sah man schliesslich Aristoteles als «Vorläufer Christi auf
dem Gebiet der Natur» *(praecursor Christi in naturalibus)* an; er hatte in
philosophischen und fachwissenschaftlichen Angelegenheiten dieselbe Autorität wie die Kirchenväter auf theologischem Gebiet.

In dem gewaltigen Gebäude, das Aristoteles errichtet hat, sind viele
naturwissenschaftliche Elemente enthalten, die mit seinen philosophischen
Vorstellungen untrennbar verbunden sind. Es würde zu weit führen, sie hier
im einzelnen zu nennen; einige kurze Bemerkungen sollen daher genügen.
Aristoteles ist der Begründer einer wissenschaftlichen Biologie. Ausgehend
von Beobachtungen und Experimenten, hat er zahlreiche Tierarten beschrieben und ist auf Bau und Funktion ihrer Organe, auf ihre Entwicklung
und ihre Lebensweise eingegangen. Sein grossangelegtes System der Zoologie einschliesslich der vergleichenden Anatomie und Physiologie ist bis
in die Neuzeit massgeblich geblieben. Vielleicht noch wichtiger sind Aristoteles' Beiträge zur Physik, die mit seiner Vorstellung von Materie und
Form, von Potentialität und Aktualität und allgemein mit den Veränderungen von Qualitäten zusammenhängen. So stellt er tiefgehende Überlegungen über die Ursachen und den Verlauf von Bewegungen an und beschäftigt sich im Zusammenhang damit etwa mit dem freien Fall eines Körpers
und der erzwungenen Bewegung beim Wurf. Dies führt zu Erörterungen
über die Abhängigkeit der Geschwindigkeit von der bewegenden Kraft und
dem Widerstand, aber auch zu der Frage, ob ein leerer Raum möglich ist.
Aristoteles' Vorstellung von den Qualitäten führt zu seiner Elementenleh-
re und zur Frage, ob Elemente ineinander überführbar sind, also zu Überlegungen, die wir heute in das Gebiet der Chemie einordnen würden. Von

den Elementen ausgehend, kommt man zum Aufbau des Weltalls und zur Bewegung der Himmelskörper, also zu Fragen der Astronomie, aber auch der Geowissenschaften, da Aristoteles sich in diesem Zusammenhang auch mit der Gestalt der Erde, dem Kreislauf des Wassers und mit ähnlichen Fragen beschäftigt hat.

Diese naturwissenschaftlichen Überlegungen im Werk des Aristoteles bilden neben dem Quadrivium die Hauptquellen des naturwissenschaftlichen Wissens, das im Hoch- und Spätmittelalter zur Verfügung stand. Gelehrt wurde es insbesondere an den Universitäten, und zwar in der ersten Fakultät, welche alle Studenten besuchen mussten. Daher möchte ich jetzt einige kurze Bemerkungen zur Entstehung der Universitäten machen.[2]

## 2. Die Universitäten: wesentliche Entwicklungen

Schon vor der Gründung der Universitäten gab es im Abendland Schulen. Seit der Zeit Cassiodors existieren Klosterschulen, und seit der zweiten Hälfte des 10. Jahrhunderts lassen sich Kathedralschulen nachweisen. An den Klosterschulen wurden nicht nur künftige Mönche, sondern in der Regel auch Angehörige weltlicher Berufe unterrichtet. Die Dom- oder Kathedralschulen unterstanden dem Bischof oder Domkapitel. Der Unterricht an beiden Schularten war ähnlich: Zunächst wurden theologische Gegenstände unterrichtet, dann Lesen und Schreiben, zusammen mit der lateinischen Sprache. Dies führte zum Unterricht in der Grammatik, und mit der Grammatik war der Einstieg in die *artes liberales* gegeben. Der Schwerpunkt lag dabei auf dem Trivium, insbesondere der Logik, die nach Boethius' Schriften unterrichtet wurde, doch hatte hier auch das Quadrivium Platz. Ein wichtiges Unterrichtsziel war es, die Berechnung des Osterfestes zu erlernen; der dazu dienende Computus bildete den Hauptinhalt des Unterrichts im Quadrivium, und entsprechend zahlreich waren Texte hierzu.[3]

Universitäten etwa im heutigen Sinne gibt es im Westen seit dem 11. Jahrhundert. Damals entstand in Süditalien, in Salerno, eine medizinische Hochschule. Salerno, das lange von den Sarazenen beherrscht worden war und im 11. Jahrhundert von den Normannen erobert wurde, bot die Möglichkeit, die westliche und östliche (arabische) Medizin zu vergleichen. Constantinus Africanus (um 1020–1087), der bekannte Übersetzer vor allem medizinischer Texte, wirkte zeitweise in Salerno. Auf diese frühe Phase der Universitäten möchte ich jedoch nicht weiter eingehen.

Ebenfalls nur am Rande erwähnt werden soll die Rechtshochschule, die sich um 1100 in Bologna entwickelte. Im 12. Jahrhundert entstand in Bo-

logna auch eine medizinische Hochschule. Dort schlossen sich die Lehrenden zu «Kollegien» zusammen und die Studenten etwas später zu Gemeinschaften, die *universitates* genannt wurden. Eine weitere medizinische
Schule entwickelte sich im 11. Jahrhundert in Montpellier; sie wurde später
durch Hinzunahme einer juristischen Fakultät und der *artes liberales* zu
einer Volluniversität ausgebaut.

Vorläufer der Universitäten waren also die genannten Hochschulen von
Salerno, Bologna und Montpellier. Sie waren aber zunächst Lehranstalten
mit begrenztem Fächerangebot, und daher werde ich im folgenden die
«Hochschulen» von den «Universitäten» unterscheiden. Im Gegensatz dazu bildete sich in der Mitte des 12. Jahrhunderts erstmals eine Hochschule
mit breiterer fachlicher Ausrichtung, nämlich in Paris. Ausgangspunkt waren vier Klosterschulen, und zunächst hatte auch die neue Hochschule noch
den Charakter einer grossen Domschule, geleitet vom Kanzler der Kathedrale. Aber im 13. Jahrhundert machte sie sich selbständig, gab sich ihre
eigene Verfassung und wurde mit besonderen Vorrechten ausgestattet.
Etwa um die gleiche Zeit wurde in England die Universität Oxford gegründet; i. a. gibt man 1167 als Gründungsdatum an, das Jahr, in dem der
englische König die englischen Studenten aus Paris zurückrief. Die Universität Cambridge ist geringfügig jünger; sie wurde kurz nach 1200 gegründet.

Die frühen Universitäten in Paris und Bologna (letztere entwickelte sich
aus der dortigen Hochschule), wurden Modelle für spätere Gründungen.
Ich erwähne nur einige von ihnen: Dem 13. Jahrhundert entstammen die
Universitäten von Salerno (1205), Salamanca (1218/43), Orléans (1220/35),
Padua (1222), Neapel (1224), Toulouse (1228), Siena (1240), Coimbra
(1265) und Montpellier (1289). Im 14. Jahrhundert entstanden u. a. die
Universitäten in Prag (1348), Krakau (1363), Wien (1365), Heidelberg
(1385) und Köln (1388).[4] Die älteste Schweizer Universität, Basel, wurde
1459 gegründet. Demgegenüber ist die Universität Zürich eine Gründung
des 19. Jahrhunderts; sie entstand 1833, ein Jahr vor der Universität Bern.

Die beiden Typen von Universitäten in Paris und in Bologna – die
letztere vor allem in bezug auf die juristische und medizinische Ausbildung – gaben den Universitäten eine Gestalt, die bis heute fortlebt. Die
mittelalterliche Universität war eine Gemeinschaft der Lehrenden und
Lernenden, eben eine *universitas.* Sie umfasste vier Fakultäten, nämlich die
der *artes liberales,* der Medizin, der Rechtswissenschaft und der Theologie,
jene vier Fakultäten, die bis in unser Jahrhundert das Bild der Universitäten
prägen sollten, wobei aus den Artes später die Philosophische Fakultät
hervorging. Bekanntlich war diese Einteilung in vier Fakultäten bis vor
etwa 50 Jahren im deutschsprachigen Bereich allgemein gültig. Erst dann
wurden neue Fakultäten geschaffen, zunächst die naturwissenschaftliche,

die sich von der Philosophischen Fakultät abspaltete, dann weitere. Dabei verlief die Entwicklung in den einzelnen Ländern und an den verschiedenen Universitäten unterschiedlich.

Doch zurück zum Mittelalter. Ein Kennzeichen der mittelalterlichen Universitäten war die Tatsache, dass an ihnen keine Forschung betrieben wurde, sondern dass die Studenten dasjenige lernten, was die Magister ihnen vortrugen. Alle Studenten mussten zunächst in Form eines *studium generale* die Artistenfakultät durchlaufen, die unterste Fakultät, in der die *artes liberales* gelehrt wurden. Das Studium dort konnte sechs Jahre dauern. Erst nach bestandenem Schlussexamen durften sie sich einer der drei anderen Fakultäten zuwenden. Dabei war die theologische die einflussreichste. Für jede Fakultät gab es einen vorgeschriebenen festen Lehrplan, nach dem die Studenten einen Abschlussgrad erwarben. Der unterste war der eines Baccalaureus, danach kam der Magister und schliesslich der Doktor. Auch hier erkennt man heute noch die Spuren der Geschichte: Während der Doktortitel stets als Abschluss galt, wurde der Grad eines Magisters, der in Mitteleuropa lange Zeit nicht mehr vergeben worden war, erst in den letzten Jahrzehnten wieder in den Universitätsbetrieb eingeführt; in den angelsächsischen Ländern dagegen bestand der Titel eines «Bachelor of Arts» (B. A.) oder «Magister of Arts» (M. A.) ohne Bruch von der Frühgeschichte der Universitäten bis heute.

Erwähnt werden sollen auch die «Collegia», in denen die Studenten wohnen konnten und die zur Basis der geistigen Arbeit wurden. Sie sind in Oxford, Cambridge und Paris schon zur Gründungszeit nachzuweisen. Im 13. Jahrhundert vervielfachte sich ihre Zahl, und um 1500 gab es an den verschiedenen Universitäten etwa 70 Collegia. Insbesondere das Merton College in Oxford sollte im 14. Jahrhundert für die Geschichte der Naturwissenschaften sehr wichtig werden.

### 3. Welche Texte standen zur Verfügung? Übersetzungen aus dem Arabischen

Das spontane Entstehen der Universitäten hängt aufs engste mit der neuen Bildung zusammen, welche die Übersetzungsbewegung der lateinischen Welt im Laufe des 12. Jahrhunderts erschlossen hatte. Die Universität war nämlich die Einrichtung, mit deren Hilfe die gewaltige Masse des neuen Wissensguts erfasst, gegliedert und erweitert wurde; sie war das Instrument, mit dem das gemeinsame geistige Erbe gestaltet und an die kommenden Generationen weitergegeben wurde. Daher sei es erlaubt, ein paar Worte zu den Übersetzungen zu sagen.

Die Übersetzertätigkeit aus dem Arabischen ins Lateinische war aus der Sicht des Wissenschaftshistorikers das wichtigste Ereignis des westlichen Mittelalters; sie führte eine erste Renaissance herbei, die sicher mit der herkömmlich so bezeichneten Epoche vergleichbar ist. Seit dem 11. Jahrhundert wurden in Spanien und in geringerem Umfang auch in Sizilien die Muslime langsam zurückgedrängt. Mit dem Fall Toledos (1085) kam das christliche Europa in den Besitz eines Zentrums der arabischen Gelehrsamkeit. Spanien wurde danach von Wissensdurstigen überflutet, und unter der Schirmherrschaft von Bischöfen und weltlichen Herrschern entstanden insbesondere in Toledo, Barcelona, Segovia und Pamplona Zentren der Übersetzungstätigkeit. Auf die Frage, durch wen und auf welche Weise die Übersetzungen angefertigt wurden, kann ich hier nicht eingehen. Wesentlich in unserem Zusammenhang ist aber die Feststellung, dass der Hauptteil der Texte, die im 12. und 13. Jahrhundert übersetzt wurden, naturwissenschaftliche und philosophische Schriften waren; philologische und schöngeistige Literatur war kaum vertreten.[5] Die ersten Übersetzungen waren teilweise vom Zufall bestimmt, weil nicht voraussehbar war, was man in den zugänglich gewordenen Bibliotheken an arabischen Texten fand. Teilweise suchte man aber auch gezielt nach speziellen Schriften.

Zu den sehr früh übersetzten Texten gehören auch die Schriften des Ptolemaios und des Euklid. Dadurch wurde die Astronomie des Ptolemaios erstmalig wieder bekannt. Sehr wichtig waren ferner die astronomischen Tafeln der Araber, die in westlichen Bearbeitungen bis hin zu Copernicus in Gebrauch waren. Durch die Übersetzungen lernte man auch die griechischen Schriften zur Optik und zur Mechanik, insbesondere zur Statik, kennen und ausserdem zahlreiche Arbeiten der Araber auf diesen Gebieten, die, aufbauend auf den Werken der Griechen, neue Erkenntnisse erbrachten. Jetzt waren auch alle Schriften des Aristoteles zur Logik wieder zugänglich und ebenso seine Abhandlungen zur Naturphilosophie, vor allem seine Physik, Metaphysik, *De caelo, De animalibus,* die Naturgeschichte und die Aristoteles zugeschriebene Schrift *De plantis,* die wichtigste Quelle der mittelalterlichen Botanik. Kurzum, Ende des 13. Jahrhunderts lagen praktisch alle griechischen Schriften zur Naturwissenschaft und zahlreiche arabische Texte in lateinischen Übersetzungen vor und konnten an den Universitäten gelesen und interpretiert werden.

## 4. Die scholastische Methode

Die Methode, nach der an den Universitäten gearbeitet wurde, war die der Scholastik.[6] Sie existierte in ihren Grundzügen schon, bevor die ersten

Universitäten entstanden. Man kann als ihren Begründer Abaelard (1079–1142) ansehen, der zunächst an der Kathedralschule in Paris Logik und Theologie lehrte, später aber eine eigene Schule gründete. Wesentliche Elemente der scholastischen Methode sind in Abaelards Schrift *Sic et non* (entstanden ca. 1121/22) enthalten.

Während man in der Antike versucht hatte, die Wahrheit zu finden, indem man mit Hilfe der Logik Kompliziertes auf Einfaches oder direkt Einsichtiges zurückführte – ich verweise nur auf das Vorgehen der Mathematik, die auf Axiomen und Definitionen aufbaut –, war dies für das christliche Abendland nicht unbedingt nötig, da nach den Aussagen der Bibel die Wahrheit von Gott offenbart worden war. Man konnte sie in der Heiligen Schrift und in den Schriften der Kirchenväter finden. Allerdings gab es dort manchmal widersprüchliche Meinungen. Nach Abaelard sollte man dann prüfen, wie diese Widersprüche zu erklären seien, etwa durch missverständliche Übersetzungen oder ähnliches; wenn dadurch keine Entscheidung zu erreichen sei, müsse man die Meinungen der Autoritäten zusammentragen und sich für das entscheiden, was besser belegt sei. «Durch Zweifeln kommen wir zur Untersuchung, durch die Untersuchung erfahren wir die Wahrheit» *(Dubitando quippe ad inquisitionem venimus, inquirendo veritatem percipimus.)*

Diese Methode der Wahrheitssuche wurde nicht nur auf theologische und philosophische, sondern auch auf naturwissenschaftliche Fragen angewandt. Dabei spielten nicht nur die Meinungen der Autoritäten eine Rolle, sondern auch sachliche Argumente. So kam man zur Institution des Disputierens, die für den Unterricht an den Universitäten von zentraler Bedeutung war; noch 1497 formulieren die Freiburger Statuten, dass «durch Disputieren aus gegensätzlichen Meinungen die handgreifliche Wahrheit herausgeschält wird.»

Dies heisst, dass man etwa in der Mathematik nicht unbedingt Beweise benötigte. Vielmehr genügte es, wenn gewisse Sätze bei den Autoritäten, z. B. bei Boethius oder Euklid, stehen und nicht von anderen Autoritäten in Frage gestellt werden. Diese Denkhaltung wirkte sich dahingehend aus, dass man im Universitätsunterricht oft nur Sätze oder Regeln ohne Beweise brachte.

Auf welche Weise vermittelte man nun die Inhalte an den Universitäten? Wir kennen aus erhaltenen Aufzeichnungen über die Lehrpläne bzw. durch die Statuten zwar einige der benutzten Grundtexte für den Astronomie- und Mathematikunterricht – darauf werde ich im folgenden eingehen –, aber wir wissen im Grunde nichts über die didaktischen Methoden und den konkreten Ablauf der Unterweisung. Jedenfalls wurde der zugrunde gelegte Text vorgelesen *(legere)* und dann erläutert *(disputare).* Zu diesem Zweck gab es einerseits *Kommentare,* andrerseits *Quaestiones.* In den Kommentaren wurde der Text oft systematisch ausgelegt. In einem solchen Fall wurde ein kurze Stück Text wiederholt; anschliessend erklärte der Kommentator den Sinn und liess gelegentlich auch eigene Ansichten oder Auswertungen einfliessen. Neben diesem Verfahren, bei dem man sozusagen scheibchenweise vorging, gab es auch Kommentare in geschlossener Form sowie Erläuterungen von schwierigen Begriffen. Viele heute noch erhaltene Handschriften lassen ein derartiges Vorgehen erkennen: Um den grösser geschriebenen Grundtext herum wird der Kommentar in kleinerer Schrift gegeben, oder es gibt Worterklärungen als Interlinearglossen über den zu erläuternden Ausdrücken (vgl. nebenstehende Abbildung).

Noch gebräuchlicher war die Quaestiones-Literatur, d. h. die Darlegung naturwissenschaftlicher Probleme in Frageform. Diese Form wurde schon in der Antike gewählt – man denke nur an die Aristoteles zugeschriebenen *Problemata* oder an die *Quaestiones naturales* des Seneca –, aber erst im 13. Jahrhundert fand diese Arbeitsweise ihre spezifische Ausprägung, und für das 14.–16. Jahrhundert wurde sie zur Verkörperung der scholastischen Wissenschaft. Autoren wie Albert von Sachsen (um 1316–1390), Johannes Buridan (um 1300–1358) oder Nicole Oresme (um 1320–1382) gehören zu ihren Meistern. Man schematisierte schliesslich die Antworten auf solche *Quaestiones,* indem man ein Verfahren benutzte, das sich aus der Praxis der Streitgespräche an den Universitäten entwickelt hatte. Dabei folgten auf die Formulierung der Frage immer eine oder mehrere Lösungen im Sinne einer positiven oder negativen Beantwortung. Falls anfänglich die Bejahung nahegelegt wurde, konnte man sich darauf verlassen, dass schliesslich die Verneinung bewiesen wurde, und umgekehrt. Die ersten Stellungnahmen, die später verworfen werden sollten, nannte man *rationes principales* (erste Beweisgründe). Danach erläuterte der Autor sein Vorgehen, legte die Problemstellung weiter klar und erklärte einzelne vorkommende Begriffe. Nach diesen Vorbereitungen entwickelte er seine eigenen Ansichten. Dabei benutzte er sorgfältig ausgearbeitete Schlüsse oder Urteile, äusserte manchmal Zweifel an seinen eigenen Folgerungen, zerstreute aber anschliessend diese Bedenken. Den Abschluss bildeten seine Entgegnungen auf jeden der *rationes principales.* Diese für die Scholastik typische Form der Argumentation war sicher trocken und manchmal etwas spitzfindig. Sie hatte aber den Vorteil, dass sie die Fragen nüchtern erörterte und dadurch eine geeignete Form speziell der Aristotelesauslegung bot.

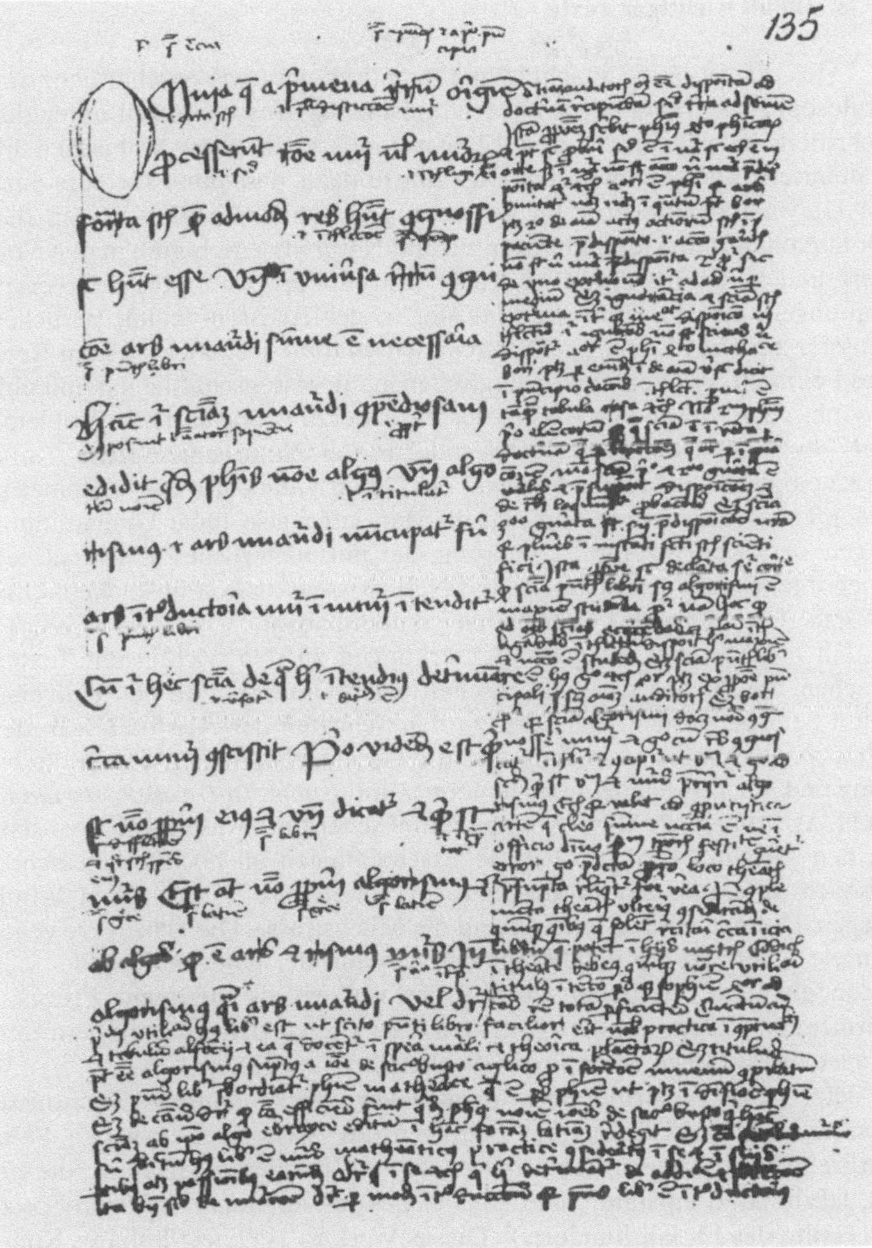

Beginn des *Algorismus* von Johannes de Sacrobosco in der Abschrift Wolfenbüttel. Herzog August Bibliothek, Cod. Guelf. 874 Helmst., f. 135r (15. Jahrhundert).

## 5. Inhalt wichtiger Texte

Wie anfangs gesagt, machten mathematisch-naturwissenschaftliche und philosophische Texte einen unverhältnismässig grossen Anteil unter den Schriften aus, die im 11. und 12. Jahrhundert aus dem Arabischen ins Lateinische übersetzt wurden. Dies führte dazu, dass diese Gebiete auch im Universitätsunterricht an Bedeutung gewannen. Anders als an den Domschulen traten jetzt Philosophie und Naturwissenschaften in den Vordergrund. Schon um die Mitte des 13. Jahrhunderts waren die Lehrveranstaltungen, die ein künftiger Magister in der Artistenfakultät besuchen musste, stark auf Logik und Naturwissenschaften ausgerichtet. Den Kern des Lehrstoffs stellten nun die logischen, naturwissenschaftlichen und philosophischen Werke des Aristoteles dar. Hierzu gehörten auch Probleme der Physik – in der man den Wandel in der Natur untersuchte – und Kosmologie. Dazu kamen die Texte des Quadriviums, also der Arithmetik, Geometrie, Astronomie und Musik. Man kann also ohne Übertreibung sagen, dass weder vor der Gründung der mittelalterlichen Universitäten noch irgendwann später Logik und Naturwissenschaften in solchem Umfang die Grundlage des Unterrichts gebildet haben.

Ich möchte jetzt ein paar Bemerkungen zu den wichtigsten Texten machen, die für den naturwissenschaftlichen Unterricht an den Universitäten benutzt wurden. Zunächst zu den Schriften des Aristoteles: In der *Physica* werden die Umstände und die Gesetzmässigkeiten der Veränderung und der Bewegung im allgemeinen untersucht. In *De caelo et mundo* stellt Aristoteles die Bewegungen himmlischer und irdischer Körper dar. In den *Meteorologica* werden die Erscheinungen im höchsten irdischen Bereich unterhalb der Mondsphäre beschrieben, d. h. vor allem Wind, Regen, Donner, Blitz, Kometen und die Milchstrasse. Die Schrift *De generatione et corruptione* beschäftigt sich u. a. mit der Umwandlung der vier Grundelemente. Sie behandelt also das, was wir als chemische Prozesse bezeichnen würden. Andere Schriften des Corpus Aristotelicum betreffen Fragen der Biologie, Metaphysik, Seelenlehre und Ethik.

Jetzt zu den Schriften des Quadriviums. Astronomische Kenntnisse konnte man ebenfalls aus den Schriften des Aristoteles erwerben. Sehr verbreitet waren ausserdem eine anonyme *Theorica planetarum*, die im 13. Jahrhundert entstand[7], und *De sphaera* des Johannes von Sacrobosco (1. Hälfte des 13. Jahrhunderts)[8]. Dieses Werk ist ein leicht lesbares Kompendium der Erd- und Himmelskunde; es behandelt die Bewegungen der Himmelskörper, die wichtigsten Kreise am Himmel und auf der Erde (Äquator, Wendekreis, Ekliptik usw.), Auf- und Untergang der Gestirne, die Ursachen der Finsternisse und Fragen der Geographie.

Das wichtigste mathematische Werk waren die *Elemente* des Euklid, die im 12. Jahrhundert dreimal aus dem Arabischen ins Lateinische übersetzt worden waren. Auf einer dieser Übersetzungen beruht die sogenannte Version Adelard II, die um 1140 entstand[9] und die verbreitetste Euklidfassung im Westen war, bis sie von der Bearbeitung durch Campanus (um 1260) abgelöst wurde[10]. Im Universitätsunterricht wurden üblicherweise nur die ersten Bücher der *Elemente* (oder überhaupt nur das erste) gelesen; selten ging man über das 6. Buch hinaus. Die Lektüre des Euklid bildete die Grundlage für die Kenntnisse in der theoretischen Geometrie. Für die theoretische Arithmetik, die sich mit den Eigenschaften der natürlichen Zahlen beschäftigt (wir würden sie heute zur Zahlentheorie rechnen), benutzte man vor allem die Arithmetik des Boethius, die während des ganzen Mittelalters weit verbreitet war.[11] Für das Rechnen mit den neuen, d. h. den indisch-arabischen Ziffern, gab es verschiedene Algorismen, von denen diejenigen des Sacrobosco[12] und des Alexander de Villa Dei (um 1170 – 1250)[13] die bekanntesten waren.

Die verbreitetsten Schriften zur Musiktheorie (Harmonielehre) waren *De institutione musica* des Boethius[14] und die verschiedenen Musiktraktate, die Johannes de Muris (1. Hälfte des 14. Jahrhunderts) zugeschrieben wurden[15].

## 6. Statuten und Vorlesungswirklichkeit

Es ist auch heute noch schwierig, klare Vorstellungen darüber zu gewinnen, welche Vorlesungen an der Artistenfakultät wirklich abgehalten wurden. Ein möglicher Zugang sind die Statuten, die den Lehrbetrieb an den Universitäten regelten und insbesondere vorschrieben, welche Lehrveranstaltungen zum Erwerb akademischer Grade besucht werden mussten. Jedoch sind sie gerade aus der Anfangszeit der Universitäten nur bruchstückhaft erhalten, und dies insbesondere für die Artistenfakultät. Die Statuten der Oxforder Universität aus dem frühen 14. Jahrhundert zeigen, dass der zukünftige Baccalaureus neben Schriften des Aristoteles auch die sechs ersten Bücher der *Elemente* Euklids, die Arithmetik des Boethius, den Computus und Algorismus und die Sphaera des Sacrobosco studiert haben musste. An anderen Universitäten war dies ähnlich.

Zwischen den Vorschriften der Statuten und den wirklich gehaltenen Vorlesungen bestand offenbar eine grosse Diskrepanz. Leider gibt es bisher nur wenige gründliche Studien darüber, welche Vorlesungen wirklich zustande kamen. Neben Arbeiten zur Universität Paris[16] und Wien[17] sind hier vor allem zwei wichtige Aufsätze von Weisheipl für Oxford zu nennen.[18] Sie zeigen, dass in Oxford folgende Texte gelesen wurden: in der Arithmetik die Schrift des Boethius; Algorismen, vor allem der des Sacrobosco über ganze Zahlen, aber auch Bruchalgorismen, insbesondere der von Johannes de Lineriis; Kurzfassungen von Boethius' Arithmetik, etwa von Bradwardine oder Simon Bredon; die arithmetischen Bücher (VII–IX) des Euklid. Auch in der Geometrie las man in Oxford Teile von Euklids *Elementen,* und zwar die Bücher I–VI, ferner die Quadrant-Traktate von Robertus Anglicus und von Profatius Judaeus, und ausserdem Texte zur Statik sowie Schriften zur Optik, etwa von Ptolemaios, Euklid und Pecham. Einen besonderen Platz nahmen Vorlesungen zur Astronomie ein. Hier las man u. a. den Almagest des Ptolemaios, i. a. in der Übersetzung von Gerhard von Cremona; die anonyme *Theorica planetarum;* Sacroboscos *Sphaera;* komputistische Texte; schliesslich auch die astronomischen Tafeln mit Gebrauchsanweisungen (*canones*) und nach 1328 auch den *Tractatus de proportionibus* von Bradwardine. Dazu kamen naturwissenschaftliche Texte des Aristoteles, vor allem die *Physica, De caelo et mundo, De generatione et corruptione, Meteora,* die *Parva naturalia* und *De animalibus.* Es fällt auf, dass Texte zur Musiktheorie erst ab 1431 gelesen wurden.

Die Situation in Oxford ist sicher nicht typisch für die Durchschnittsuniversität im Hochmittelalter. Anderswo wurden nicht so viele und so aktuelle Vorlesungen angeboten. Dies gilt auch für die Wiener und die Krakauer Universität, obwohl sie für ihre naturwissenschaftlichen Studien berühmt waren. In Wien las man von 1391 bis 1399 an mathematischen Vorlesungen insbesondere Astronomie, und zwar regelmässig die *Sphaera materialis* (8mal), daneben die *Theorica planetarum* (2mal) und den Computus (1mal). Auch die Proportionenlehre war beliebt; man findet fast in jedem Studienjahr *Proportiones breves* (6mal) und auch *Latitudines formarum* (5mal). Weit vorne rangiert auch die *Perspectiva,* die wir heute als Optik bezeichnen würden (7mal). Weniger oft gelesen wurden: *Euclides* (4mal), *Arismetica* (4mal), *Algorismus de integris* (2mal), *Algorismus de minuciis* (1mal) und *Musica* (4mal).[19] Demnach scheinen sich die Studenten nicht besonders für das Rechnen interessiert zu haben. Die Unterscheidung zwischen «Arithmetik» und «Algorismus» fällt auf. Vermutlich waren mit «Arithmetik» zahlentheoretische Erörterungen nach Art des Boethius gemeint, mit «Algorismus» das neue Rechnen mit indisch-arabischen Ziffern.

An der Universität Krakau wurden in der ersten Hälfte des 15. Jahrhunderts u. a. folgende Vorlesungen gehalten: Über Theoria planetarum, Erläuterungen zu den Alfonsinischen Tafeln, Computus, Sacroboscos *Sphaera.*[20]

### 7. Die Universitäten Paris, Oxford und Wien

Zum Abschluss möchte ich noch auf einige spezielle Punkte eingehen, die für den Wissenschaftsbetrieb an den mittelalterlichen Universitäten bemerkenswert waren. Dabei beschränke ich mich auf drei Punkte: auf den Versuch der Kirche, den Unterricht an der Artistenfakultät in Paris zu beeinflussen; auf neue physikalische Erkenntnisse, die in Oxford, vor allem am Merton College erzielt wurden; und auf die Einrichtung einer ersten Mathematikprofessur an der Universität Wien.[21]

Die Lehre des Aristoteles wurde lange Zeit mit Misstrauen oder sogar Feindschaft betrachtet. Dies rührte vor allem von seinen naturphilosophischen Werken her, die Stellungnahmen und Auffassungen erhielten, die geeignet schienen, Glauben und Dogma der Christen zu untergraben. Hierzu gehörten insbesondere drei Schlussfolgerungen der Aristoteles-Interpreten:

- dass die Welt ewig sei (also Verwerfung des göttlichen Schöpfungsaktes)
- dass die natürlichen Abläufe regelgebunden und unabänderlich seien (also Ausschluss von Wundern)
- dass die Seele nicht den Körper überlebe (also Leugnung der Unsterblichkeit der Seele).

Tatsächlich kam es bald zu Konflikten: Seit 1210 untersagten kirchliche Stellen – teils Provinzialsynoden, teils der Papst selbst –, dass an der Universität Paris die naturphilosophischen Schriften des Aristoteles und alle Kommentare dazu gelesen werden durften; auch die private Lektüre war untersagt. Dies hatte, wie alle derartigen Aktionen, im wesentlichen zur Folge, dass man zwar offiziell das Verbot einhielt, sich aber insgeheim besonders stark für die Schriften interessierte; ausserdem bot die Universität Toulouse den Pariser Magistern an, sie könnten nach Toulouse kommen, um dort ihre Lehren ungehindert vorzutragen. Offenbar las man öffentlich bis etwa 1255 in Paris tatsächlich nur die ethischen und logischen Werke des Aristoteles, seine philosophischen und physikalischen Texte dagegen nur privat. Ein Verzeichnis der im Unterricht benutzten Texte aus dem Jahre 1255 zeigt jedoch, dass man spätestens ab diesem Jahr wieder alle zugänglichen Werke des Aristoteles benutzte.

Nachdem es jetzt wieder möglich war, über Aristoteles' Ansichten zu diskutieren, kam es zu heftigen Auseinandersetzungen insbesondere zwischen Magistern der theologischen und denjenigen der artistischen Fakultät. Viele Dozenten der Artes verfochten einen kompromisslosen Standpunkt, indem sie nicht versuchten, zwischen den theologischen Dogmen und der christlichen Lehre zu vermitteln. Vielmehr schlossen sie sich den Ansichten des arabischen Kommentators Averroes an und behaupteten, man müsse zwischen Philosophie und Theologie unterscheiden, und in diesem Sinne gebe es durchaus philosophische Sätze, die mit Hilfe des Menschenverstandes entweder beweisbar oder jedenfalls nicht widerlegbar seien, andrerseits aber den Dogmen des Glaubens widersprächen. Hierzu gehörte etwa der Satz von der Ewigkeit der Welt oder der von der unabänderlichen Gesetzmässigkeit der Naturvorgänge. Diese Magister sprachen sich für eine Lehre der «doppelten Wahrheit» aus und vertraten die Meinung, ein Satz der Philosophie könne in der natürlichen Wirklichkeit wahr sein, während die gegenteilige Aussage für den Bereich des Glaubens zutreffe.

Diese Auffassung irritierte naturgemäss die Theologen, und es kam zu Spannungen zwischen den Fakultäten der Pariser Universität und schliesslich zu offenen Konflikten. Denn wenn die Grundsätze der Naturphilosophie zwingend wahr sind, müssen sie im Widerspruch stehen zur offenbarten Wahrheit. Wenn sie aber nur wahrscheinlich sind, so ist die Naturphilosophie, also die Naturwissenschaft im weitesten Sinn, nicht auf Beweiskraft gegründet und kann nicht dazu dienen, Gewissheit zu erlangen.

Ich kann hier nicht auf Einzelheiten dieses Streits eingehen. Es soll hier genügen, zu erwähnen, dass 1270 der Bischof von Paris 13 Sätze des Aristoteles oder seiner Kommentatoren verdammte und all jene mit der Exkommunikation bedrohte, die diese Ansichten vertraten. 1277 liess Papst Johannes XXI. die Auseinandersetzungen an der Pariser Universität untersuchen; als Ergebnis wurden 219 Thesen verurteilt, vor allem solche, die deterministisch waren, also die Fähigkeit Gottes zu freiem und unvorhersehbarem Handeln begrenzten. Für die Naturwissenschaften am wichtigsten war die Verdammung der folgenden beiden Ansichten: dass Gott nicht mehrere Welten schaffen könne und dass er den Himmel nicht geradlinig bewegen könne, da sonst ein Vakuum zurückbliebe.

Die Verurteilung von 1277 hatte eine länger anhaltende Wirkung. Sie führte zu einer energischen Offensive der Theologen gegen die Philosophen, also auch gegen deren naturwissenschaftliche Positionen. Das Ergebnis war eine tiefgreifende Erkenntniskritik, die zum philosophischen Empirismus und Nominalismus des 14. Jahrhunderts führte. Ich kann hier nicht näher darauf eingehen. Das Urteil von 1277 schwächte jedenfalls das Vertrauen in die deterministischen Behauptungen des Aristoteles auch auf dem Gebiet der Kosmologie und Physik und beeinflusste dadurch die Entwicklung der Naturwissenschaft an den Universitäten des Mittelalters. Man kann sich die Frage stellen, ob durch dieses Ereignis die aristotelische

Physik so schwer erschüttert wurde, dass die Wissenschaft sich neuen Wegen zuwenden musste; wäre dies der Fall, so könnte man die Ereignisse von
1277 als Beginn der modernen Naturwissenschaft ansehen. In diesem Fall
wäre es eine Ironie der Geschichte, dass ein Eingriff in die Meinungs- und
Forschungsfreiheit der Ausgangspunkt für die Entstehung der modernen
Naturwissenschaft war. Tatsächlich gibt es Wissenschaftshistoriker, die diese Meinung vertreten, etwa Pierre Duhem, der glaubt, dass die wissenschaftliche Revolution des 17. Jahrhunderts nur die Fortsetzung antiaristo-
telischer wissenschaftlicher Strömungen war, die im 14. Jahrhundert begannen.[22] Andere Forscher, etwa Alexandre Koyré, sind dagegen der Ansicht,
dass die Verurteilung zwar die Beschäftigung mit der aristotelischen Physik
behinderte, aber doch nicht zu einem radikalen Wandel führte.[23] Tatsächlich
wurde die Verurteilung von 1277 um 1325 aufgehoben, und es dauerte noch
bis zum 17. Jahrhundert, ehe der Aristotelismus völlig überwunden war.

Jetzt zum zweiten Punkt, der Merton School.[24] In Verbindung mit der
Diskussion über die aristotelischen Qualitäten und deren Änderungen
hatte man sich in der Scholastik insbesondere auch mit den Geschwindig-
keiten von Bewegungen beschäftigt, die ja ebenfalls Qualitäten sind. Die
Überlegungen hierzu knüpfen nicht an reale quantitative Messungen an,
sondern sind rein abstrakter Natur. Die Veränderung der Qualitäten wird
symbolisch durch Figuren dargestellt, wobei die Länge die Extensität an-
gibt (die Zeit, in der die Bewegung erfolgt) und die Breite die Intensität
(d. h. die Grösse der Geschwindigkeit). Die Fläche der Figur ist ein Mass
für den Wert der Qualität (d. h. bei der Bewegung: für den zurückgelegten
Weg). Hieraus entwickelte sich die Lehre von den Formlatituden, die im
14. Jahrhundert vor allem in Oxford am Merton College und ausserdem in
Paris betrieben wurde; Heytesbury, Dumbleton, Swineshead und Nicole
Oresme waren dabei die führenden Gelehrten. Man behandelte verschiedene Typen der Bewegung. Die historisch wichtigste war die «gleichförmig
ungleichförmige» Bewegung, d. h. eine solche, bei der die Intensität (Geschwindigkeit) gleichförmig, also linear, wächst oder fällt. Bei der gleich-
mässig beschleunigten Bewegung mit der Anfangsgeschwindigkeit Null
ergibt sich als Figur ein rechtwinkliges Dreieck. Am Merton College hat
man erkannt und bewiesen, dass der «Wert» (= Weg) dieser Bewegung dem
«Wert» einer gleichförmigen Bewegung entspricht, deren Geschwindigkeit
gleich der Momentangeschwindigkeit in der Mitte des Zeitraums ist. Dies
ist das sogenannte «Merton-Theorem», aus dem leicht das Bewegungs-
gesetz $s = 1/2\, at^2$ folgt. Heute wissen wir, dass Galilei durch unbekannte Zwischenstufen derartige Arbeiten der Merton-Schule kannte und
durch sie zu seinem Fallgesetz angeregt worden sein dürfte. – Auch Aussagen über die Konvergenz bzw. Divergenz unendlicher Reihen und über

ihren Wert wurden im 14. und 15. Jahrhundert möglich. Sie wurden ebenfalls durch Überlegungen zu Bewegungsänderungen angeregt, bei denen die Länge (= Zeit) der Intensität in unendlich viele Teilintervalle zerlegt wurde.

Ein paar abschliessende Worte zur Universität Wien. Während im 13. und 14. Jahrhundert in den Naturwissenschaften die Universitäten in Paris und Oxford führend waren, gingen im 15. Jahrhundert wesentliche Impulse für die Entwicklung der Mathematik und Astronomie von der Universität Wien aus. Sie war erst 1365 eröffnet worden. Ihr erster Rektor, Albert von Sachsen, stand in der Tradition der Pariser Universität und hatte während seiner Pariser Zeit auch mathematische und astronomische Schriften verfasst. Einer seiner Schüler, Heinrich von Langenstein (um 1330–1397), hatte sich wie Albert von Sachsen in Paris mathematisch betätigt und forderte nach seiner Ankunft in Wien eine besondere Ausbildung der Studenten in Mathematik und Astronomie. Durch ihn fanden in Wien auch die Proportionenlehre und die Lehre von den Formlatituden Eingang in das Studium, ebenso wie die Planetentheorie in der Astronomie. Im folgenden 15. Jahrhundert wirkten in Wien drei hervorragende Mathematiker und Astronomen, nämlich Johannes von Gmunden (um 1380–1442), Georg Peurbach (1423–1461) und Johannes Regiomontanus (1436–1476). Johannes von Gmunden hielt zuerst philosophische, dann mathematische und seit 1420 nur noch astronomische Vorlesungen; ein Novum an den Universitäten. Durch ihn bahnte sich schon damals eine eigene Fachprofessur für Mathematik und Astronomie an, die dann 1502 in Wien eingerichtet wurde. Peurbach las 1454 über die Planetenbewegung und verfasste hierüber ein Werk, das von 1472 bis 1536 mehr als 50 Auflagen erlebte und zum Standardwerk für die wissenschaftliche Astronomie an Universitäten wurde.[25] Ausgehend von der Darstellung des Ptolemaios, enthält diese Schrift auch neuere Erkenntnisse der arabischen Astronomen. Regiomontanus schliesslich ist der herausragendste Mathematiker und Astronom in der zweiten Hälfte des 15. Jahrhunderts; ihm ist es zu verdanken, dass sich die Trigonometrie von ihrer Rolle als Hilfswissenschaft für die Astronomie löste und zu einer eigenständigen mathematischen Disziplin wurde.[26]

Die Lehrtätigkeit des Dreigestirns Gmunden, Peurbach und Regiomontanus führte dazu, dass die Wiener Universität im 15. Jahrhundert Weltgeltung auf dem Gebiet der Mathematik und Astronomie erlangte. In der zweiten Hälfte des 15. Jahrhunderts übernahm die Universität Krakau, die schon seit ihrer Gründung stark naturwissenschaftlich orientiert war, die Impulse der ersten Wiener mathematischen Schule und führte sie zielstrebig weiter. Um 1500 trat dann aber Wien wieder in den Vordergrund. Mit Recht spricht man von einer zweiten Wiener mathematischen Schule, die vor allem durch die Humanisten Konrad Celtis (1459–1508), Johannes Stabius (um 1450–1522), Anton Stiborius (um 1480–1515) und Georg Tannstetter (um 1480–1530) geprägt wurde. Dass drei bedeutende Mathematiker gleichzeitig an derselben Universität lehrten, ist für die damalige Zeit ungewöhnlich. Noch ungewöhnlicher ist es, dass Kaiser Maximilian im Jahre 1502 zwei ordentliche und ständige Lehrstühle für Mathematik und Astronomie in Wien einrichtete; die Forschung hält sie im allgemeinen für die ersten Fachprofessuren in den mathematischen Fächern, die an Universitäten entstanden.[27] Der gewaltige Fortschritt wird erkennbar, wenn man bedenkt, dass zuvor an den Universitäten im allgemeinen durch das Los jene Magister bestimmt wurden, die die mathematischen Vorlesungen in der Artistenfakultät lesen mussten. Die im 15. und frühen 16. Jahrhundert in Wien lehrenden Professoren trugen somit dazu bei, dass sich die mathematischen Fächer allmählich aus der Verbindung mit der Philosophie lösten und die Mathematik und Astronomie zu selbständigen Disziplinen wurden, die nicht nur im Unterricht an der Artistenfakultät gelehrt wurden.

Die Universitäten Paris, Oxford, Wien und Krakau waren im Hoch- und Spätmittelalter die Zentren mathematisch-naturwissenschaftlicher Bildung. Sie widerlegen die oft vertretene Ansicht, die Naturwissenschaften hätten in dieser Zeit stagniert; vielmehr erkennt man, dass die moderne Wissenschaft, die im 17. Jahrhundert entstand, wichtige Impulse von den Universitäten des Mittelalters empfing.

### Anmerkungen

1 Aus dem umfangreichen Schrifttum zu den *artes liberales* soll hier nur die zusammenfassende Darstellung von C. J. Scriba erwähnt werden: Die mathematischen Wissenschaften im mittelalterlichen Bildungskanon der Sieben Freien Künste, in: *Acta Historica Leopoldina 16*, 1985, 25–54 (mit Hinweisen auf weiterführende Literatur).

2 Die grundlegende Darstellung über die Universitäten des Mittelalters ist das dreibändige Werk von Rashdall/Powicke/Emden.

3 Siehe hierzu die vorzügliche Arbeit von Arno Borst: *Computus. Zeit und Zahl in der Geschichte Europas,* Berlin 1990.

4 Da es oft problematisch ist, ein exaktes Gründungsjahr anzugeben, weichen die in der Literatur genannten Daten bisweilen von den in Klammern angeführten Jahreszahlen ab.

5 Eine Übersicht über die wichtigsten übersetzten Texte gibt Alistair C. Crombie: *Von Augustinus bis Galilei,* München 1977, S. 39–44. Grundlegend für die Übersetzungen aus dem Arabischen ist noch immer Charles H. Haskins: *Studies in the History of Mediaeval Science,* Cambridge (Mass.) 1924.

6 Massgebliche Arbeiten zur Scholastik stammen von Martin Grabmann; erwähnt sei sein dreibändiges Werk *Mittelalterliches Geistesleben. Abhandlungen zur Geschichte der Scholastik und Mystik,* ... 1956, und seine *Gesammelten Akademieabhandlungen,* 2 Bände, Paderborn usw. 1979. Zu den Naturwissenschaften siehe vor allem die Arbeiten von

Anneliese Maier: *Studien zur Naturphilosophie der Spätscholastik,* 5 Bände, Rom 1949–1958, und *Ausgehendes Mittelalter. Gesammelte Aufsätze zur Geisteswissenschaft des 14. Jahrhunderts,* 2 Bände, Rom 1964–1967.

 7 Sie ist unediert; Olaf Pedersen bereitet eine kritische Ausgabe vor. Eine englische Übersetzung des gesamten Textes findet sich in Edward Grant: *A Source Book in Medieval Science,* Cambridge (Mass.) 1974, S. 451–465.

 8 Ediert von Lynn Thorndike: *The Sphere of Sacrobosco and its Commentators,* Chicago 1949.

 9 Dieser Text, der bisher Adelard von Bath zugeschrieben wurde, stammt höchstwahrscheinlich von Robert von Chester. Ich bereite gemeinsam mit Herrn Dr. Busard eine Edition vor.

10 Dieser Text wurde erstmals 1482 gedruckt. Es gibt weitere Ausgaben aus dem 16. Jahrhundert.

11 Ediert von Gottfried Friedlein: *Anicii Manlii Torquati Severini Boetii de institutione arithmetica libri duo, de institutione musica libri quinque, accedit geometria quae fertur Boetii,* Leipzig 1867.

12 Zuletzt ediert von Fritz S. Pedersen: *Petri Philomenae de Dacia et Petri de S. Audomaro opera quadrivialia. Pars I: Opera Petri Philomenae,* Kopenhagen 1983 (= *Corpus philosophorum Danicorum medii aevi,* X.1).

13 Ediert von J. O. Halliwell: *Rara Mathematica,* London 1841, S. 73–83, und von R. Steele: *The earliest arithmetics in English,* London 1922, S. 72–80.

14 Ediert von Friedlein (Siehe Anm. 11).

15 Siehe dazu Ulrich Michels: *Die Musiktraktate des Johannes de Muris,* Wiesbaden 1970.

16 Beaujouan (1954); Kibre.

17 Günther; Grössing.

18 Weisheipl (1964); Weisheipl (1966).

19 Diese Angaben entstammen Günther, S. 199.

20 Siehe Babicz.

21 Die folgende Darstellung beruht im wesentlichen auf Grant, Grössing und Vogel.

22 Siehe Pierre Duhem: *Le système du monde,* 10 Bände, 1913–1959; Nachdruck Paris 1971–1976.

23 Siehe Alexandre Koyré: *Études galiéennes,* 3 Bände, 1939, Nachdruck Paris 1970.

24 Grundlegende Arbeiten hierzu stammen von Marshall Clagett: *The Science of Mechanics in the Middle Ages,* Madison 1959, und *Nicole Oresme and the Medieval Geometry of Qualities and Motions,* Madison 1968. Hinweise auf weitere Literatur bei Grant, S. 180–183.

25 Siehe Eric J. Aiton: Peurbach's Theoricae novae planetarum. A Translation with Commentary, *Osiris 3,* 1987, S. 5–44.

26 Siehe hierzu Ernst Zinner: *Regiomontanus: His Life and Work, translated by Ezra Brown,* Amsterdam usw. 1990. Dieses Werk enthält Anhänge über neuere Forschungen zu Regiomontanus sowie eine weiterführende Bibliographie.

27 Über ähnliche Entwicklungen an der Universität Ingolstadt wird die Dissertation von Christoph Schöner informieren, die die Astronomie und Mathematik an der Universität Ingolstadt zum Thema hat.

## Literatur (Auswahl)

Babicz, Józef: Die exakten Wissenschaften an der Universität zu Krakau und der Einfluss Regiomontans auf ihre Entwicklung, in: *Regiomontanus-Studien,* hg. v. Günther Hamann, Wien 1980, S. 301–314.

Beaujouan, Guy: L'enseignement de l'arithmétique élémentaire à l'université de Paris aux XIII$^e$ et XIV$^e$ siècles. De l'abaque à l'algorisme, in: *Homenaje a Millàs-Vallicrosa,* vol. I, Barcelona 1954, S. 93–124.

Beaujouan, Guy: Motives and Opportunities for Science in the Medieval Universities, in: *Scientific Change,* ed. A. C. Crombie, London 1963, S. 219–236.

Grabmann, Martin: Eine für Examinazwecke abgefasste Quaestionensammlung der Pariser Artistenfakultät aus der ersten Hälfte des XIII. Jahrhunderts, in: *Mittelalterliches Geistesleben 2,* München 1936, S. 183–199.

Grant, Edward: *Das physikalische Weltbild des Mittelalters,* Zürich/München 1980.

Grössing, Helmuth: *Humanistische Naturwissenschaft. Zur Geschichte der Wiener mathematischen Schulen des 15. und 16. Jahrhunderts,* Baden-Baden 1983.

Günther, Siegmund: *Geschichte des mathematischen Unterrichts im deutschen Mittelalter bis zum Jahre 1525,* Berlin 1887.

Kibre, Pearl: The *Quadrivium* in the Thirteenth Century Universities (With Special Reference to Paris), in: *Arts libéraux et philosophie au moyen âge,* Montréal/Paris 1969, S. 175–191.

Leff, Gordon: *Paris and Oxford Universities in the Thirteenth and Fourteenth Centuries: An Institutional and Intellectual History,* New York 1968.

Pahl, Franz: *Geschichte des naturwissenschaftlichen und mathematischen Unterrichts,* Leipzig 1913.

Paulsen, Friedrich: *Geschichte des gelehrten Unterrichts auf den deutschen Schulen und Universitäten vom Ausgang des Mittelalters bis zur Gegenwart,* 3. Auflage, 2 Bde., Leipzig 1919; Berlin/Leipzig 1921.

Rashdall, Hastings/Powicke, Frederick M./Emden, Alfred B.: *The Universities of Europe in the Middle Ages,* 3 Bde., Oxford 1936, Neudruck London 1964.

Uiblein, Paul: Die Wiener Universität, ihre Magister und Studenten zur Zeit Regiomontans, in: *Regiomontanus-Studien,* hg. v. Günther Hamann, Wien 1980, S. 395–432.

Vogel, Kurt: *Der Donauraum, die Wiege mathematischer Studien in Deutschland,* München 1973.

Weisheipl, James A.: Curriculum of the Faculty of Arts at Oxford in the early Fourteenth Century, in: *Mediaeval Studies 26,* 1964, S. 143–185.

Weisheipl, James A.: Developments in the Arts Curriculum at Oxford in the Early Fourteenth Century, in: *Mediaeval Studies 28,* 1966, S. 151–175.

# Der Philosoph im 17. Jahrhundert

## Selbstbild und gesellschaftliche Stellung

*Helmut Holzhey*

Es mag sich aufdrängen und fürs erste auch die einzig erfolgversprechende Zugangsweise sein, um den Philosophen des 17. Jahrhunderts in den Blick zu bekommen, dass wir moderne Vorstellungen mobilisieren und uns zurechtlegen, wie uns denn heute Philosophen begegnen. Die Frage, was er zu leisten hat, wenn er sich soll einen Philosophen nennen können, stellt sich wohl für jeden ernsthaft Philosophierenden. Aber nicht dieses Urproblem philosophischer Selbstbestimmung ist jetzt gemeint, sondern die gesellschaftliche Erscheinung des Philosophen von heute, sein Berufs- und Rollenbild, seine öffentliche Reputation zwischen Selbst- und Fremdeinschätzung, der Abbau seiner Geschlechtsneutralität usw. In erster Linie tritt er an Schulen, vornehmlich Hochschulen, als Lehrer auf; er wird für seine philosophische Lehrtätigkeit bezahlt, obwohl er ein Fachgebiet vertritt, das nicht unmittelbar auf einen spezifischen Beruf hin studiert wird. Er publiziert überdies, forscht und kommuniziert mit anderen Wissenschaftlern; ob er allerdings umstandslos als Wissenschaftler anzusprechen ist, wird gelegentlich von Vertretern anderer Fachgebiete und von ihm selbst in Zweifel gezogen, und damit auch der Forschungscharakter seiner Schreibarbeit (sofern es sich nicht um ausschliesslich historische Forschung handelt). In den letzten Jahren hat sich dem Philosophen die Philosophin zugesellt; dass sie im Titel dieses Beitrags nicht ausdrücklich genannt ist, lässt sich – wenn überhaupt – nur historisch rechtfertigen. Gegenwärtig sind nur erst wenige Philosophieprofessorinnen in den Hochschulen zu sichten; doch dürfte sich das in Kürze ändern. – Unübersehbar ist andererseits die Zahl derjenigen, die in ihrem Beruf, in der Freizeit, in Ämtern und am Stammtisch philosophieren, ohne dafür professionell durch ein eigentliches Studium ausgerüstet zu sein, die wohl auch im Regelfall den Gedanken an eine solche Professionalität von sich weisen würden und sich nur selten selbst mit dem Namen eines Philosophen oder einer Philosophin zieren. Freiberuflich bzw. unabhängig von jedem Gelderwerb wirkende und als solche geltende Philosophinnen oder Philosophen sind rar, sie leben in gesellschaftlichen Nischen.

Entspricht der Philosoph des 17. Jahrhunderts, mindestens partiell, dieser modernen Erscheinung seines Namensvetters? Das ist allzu naiv gefragt. Denn Entsprechungen werden sich allemal finden lassen. Wie aber ein ggf. vorhandener *differenter Typus*, wie ein generelles Bild *des* Philosophen dingfest gemacht werden soll, ist methodisch noch ganz ungeklärt. Gehen wir vom Sprachgebrauch aus, vom Gebrauch des Wortes «Philosoph» zunächst.


**Terminologische Analyse**

Obwohl es als Titel, in Briefadressen, in Philosophiegeschichten oder Kampfschriften durchaus geläufig ist, bildet sich ein Interesse am Verhältnis von Person und Sache, von Philosoph und Philosophie, erst im Laufe des 17. Jahrhunderts heraus, nicht zuletzt im Gefolge der von René Descartes begründeten Richtung. Das zeigt sich auch daran, dass das Wort nur zögernd in Lexika aufgenommen wird.[1]

Lassen wir diverse Fundstellen des Wortes «Philosoph» in Texten des 17. Jahrhunderts Revue passieren, so ergibt sich semantisch ein erstaunlich vieldeutiges Bild.

a) «Philosoph» bezeichnet figürlich den Weisen oder Freund der Weisheit; diese wörtliche Bedeutung, mit antiken Konnotationen versehen, ist ubiquitär und gewinnt Aussagekraft erst mit der Übersetzung in Ausdrücke, die das Selbstverständnis bestimmter Gruppen oder Schichten artikulieren, z. B. in der Figur des «honnête homme».

b) Der Philosoph wird von seinem Wissensgebiet, der Philosophie, her definiert. Nur besitzt der Begriff der Philosophie noch eine ausserordentliche Spannweite. Das zeigen die folgenden Umschreibungen des Philosophen bei Furetière: «Celui qui s'applique à l'étude des Sciences, & qui cherche à connoitre les effets par leurs causes & par leurs principes» (der Philosoph gewissermassen als Generalwissenschaftler, das Wort «Wissenschaftler» bzw. ein lateinisches, französisches oder englisches Äquivalent dafür existiert noch nicht); oder: «qui recherche les causes naturelles, & étudie la Science des moeurs» (hier liegt die Einteilung in theoretische und praktische Philosophie zugrunde). Es wäre also gewiss unangebracht, weil zu eng, nur denjenigen, der immer schon «vorzüglich als Philosoph bezeichnet» wurde, weil er «die ersten Ursachen und wahren Prinzipien» sucht[2], als Repräsentanten der Philosophie im 17. Jahrhundert gelten zu lassen.

c) Eine weitere semantische Perspektive auf den Philosophen eröffnet die geistig-moralische Verfassung der Menschen: als Philosoph wird der überlegene Geist angesprochen, «der von der Befangenheit, den populären Irrtümern und den Nichtigkeiten der Welt geheilt ist»[3]; ironisch auch der unbürgerliche, weltferne und grämliche Menschentypus[4].

d) «Philosoph» heisst weiter der Professor und Student der Artistenfakultät; von Furetière werden als Lehrfächer des in professoraler Rolle tätigen Philosophen aufgezählt: Logik, Moral, Physik und Metaphysik. Als Philosophen werden aber auch freie Gelehrte, dames et hommes de lettres, sowie – vor allem im Englischen – ‹Naturwissenschaftler›, d. h. wissenschaftliche Beobachter und Experimentatoren, angesprochen. Doch regen sich gegen die Berufsbezeichnung «Philosoph» auch immer wieder Widerstände: «J'appelle *Philosophes,* non ceux qui en font profession, mais ceux qui en ont l'esprit, & les sentimens».[5]

e) Schliesslich stösst man noch im Kontext der Alchemie – am Ende des 17. Jahrhunderts wohl bereits Relikt, aber erinnerungswürdiges Relikt – auf den «Philosophen» (und andere Ausdrücke des gleichen Wortfeldes). «Philosophe se dit particulièrement des Chymistes, qui s'appliquent ce nom par preference à tous les autres» (Furetière).

Eine derartige Bedeutungsbreite hat ihre bedenklichen Seiten. Christoph August Heumann (1681–1764) beklagt denn auch am Anfang des 18. Jahrhunderts den uneigentlichen bzw. laxen Gebrauch des Ausdrucks «Philosoph», indem er kritisch bemerkt, dass der eine wegen seiner *Klugheit* als Philosoph bezeichnet werde, der zweite wegen seiner *Gelehrsamkeit* in einer anderen Disziplin als der Philosophie, der dritte wegen seiner *Frömmigkeit,* der vierte als Professor der *Philosophischen Facultät,* in der er Historie, Poesie, Philologie oder Rhetorik unterrichte.[6] Diese Kritik am Sprachgebrauch und die Analyse der Verwendung des Ausdrucks «Philosoph» machen jedenfalls einen Sachverhalt deutlich: Einen *Fach*philosophen gibt es im 17. Jahrhundert nicht. Wer sich überhaupt mit den Wissenschaften beschäftigt (les personnes d'études), sei es generell, sei es in einzelnen Disziplinen, wird (auch) als «Philosoph» bezeichnet.

Die bisher gegebene Skizze des Philosophen im 17. Jahrhundert war ausschliesslich an der Verwendung des Wortes *«Philosoph»* orientiert. Es gibt aber eine ganze Anzahl bedeutungsverwandter Ausdrücke. Vom deutschen «Weltweisen» wird noch zu reden sein. Deutliche semantische Abgrenzungen von «Philosoph» zu den Ausdrücken «savant» (sçavan) / «homme de lettres», «litteratus», «learned man» / «homme habile» bzw. «habiles gens» / «Gelehrter» (dem im Deutschen fast ausschliesslich verwendeten Term) lassen sich jedoch nur bei einzelnen Autoren und Richtungen, nicht aber generell markieren. Diesem Befund entspricht, dass die artes bzw.

scientiae, einschliesslich der Historie und der Philologie, die an der unteren Fakultät gelehrt werden, wie nunmehr häufig auch die Fakultät selbst, «philosophische» heissen.

Wenn sich nun mit dieser ersten, terminologischen Analyse auch bereits Gemeinsamkeiten und Differenzen zwischen dem Philosophen des 17. und des 20. Jahrhunderts deutlicher abzeichnen dürften, fehlen doch unserem Philosophenbild noch wesentlich innere Bestimmtheit und soziale Festschreibung. Was die erstere betrifft, so soll der Philosoph des 17. Jahrhunderts zunächst als Verkörperung einer philosophischen Lebensform dargestellt werden, um dann dem spezifischen Wissen dieses Philosophen nachzugehen. Die soziale Platzanweisung wird den Schluss machen.

## Philosophische Lebensform

Was charakterisiert den Philosophen, wenn man Philosophie als eine Lebensform auffasst? Wir fragen so nach einem idealen Leitbild, das im «Philosophen» personalisiert vorgestellt würde. Den Ausgangspunkt dafür soll eine mit dem Begriff der Philosophie immer schon verbundene Spannung zwischen «Weisheit» und «Liebe zur Weisheit» bilden. Wird «Weisheit» generell aus der Beunruhigung über die «öffentlichen Übel» im Zeitalter der Konfessionskriege thematisch, so macht doch schon Pierre Charron (1541–1603), der Erneuerung des Stoizismus verpflichtet, am Ende des 16. Jahrhunderts eine wirkungsträchtige Unterscheidung zwischen dem «Weisen» (sage) und dem «Philosophen»: der Autor beruft sich darauf, dass auch diejenigen, die eine *falsch* verstandene «Weisheit» leben, «Philosophen» genannt werden.[7] Dieselbe Spannung begegnet bei den Darstellungen des Lebens- und Bildungsideals des «honnête homme» und «courtisan» bzw. «homme de cour».[8] Der «Philosoph» tritt in Widerspruch zum Leitbild des *honnête homme,* des ‹richtigen› Weisen; und dieser Widerspruch wird mit der Entgegensetzung von Weisheit (sagesse) und Wissenschaft (science) ausgetragen. Das Konzept der honnêteté ist dabei selbst nicht einheitlich. Terminologisch im Anschluss an Jean de la Bruyère (1645–1696)[9] unterscheidet Oskar Roth[10] eine *«ethische»* Tendenz, in der der «honnête homme» in christlicher oder in «natürlicher» moralphilosophischer Tradition als «homme de bien» aufgefasst wird, von einer *«gesellschaftlich-pragmatischen»* (der honnête homme als courtisan oder habile homme) und einer *«gesellschaftlich-ästhetischen»* Interpretation, wie sie in der Synonymität von «honnête homme» und «galant homme» aufscheint, aber gerade beim Chevalier de Méré (1607–1684)[11] jenseits höfischer Konkretion eine universale Dimension erhält. Veräusserlichungen der honnêteté wie ihre Kritik (bei La Rochefoucauld, D. Bouhours, Chr. Thomasius) folgen der zweiten, der weltlichen (mondaine) Sinngebung des Leitbildes. Gemäss dieser weiss der honnête homme zu gefallen, konversiert nicht langweilig, bewegt sich gewandt in der Gesellschaft (insbesondere bei Hofe), ist galant. Einflussreich ist Baltasar Graciáns (1601–1658) Hervorhebung des «Geschmacks» (gusto) als ausgezeichneter Eigenschaft des «discreto» in seinem *Oraculo manual y arte de prudencia* (1647). Zum discreto gehören Fingerspitzengefühl, kluger Abstand zu Dingen, Ereignissen und Menschen, auch – ein durchaus oberflächliches – Bescheidwissen in Fragen, bei denen ein Mann von Welt betroffen werden kann. Christian Thomasius' (1655–1728) *Discours, welcher Gestalt man denen Frantzosen in gemeinem Leben und Wandel nachahmen solle* (1687) führt den Deutschen detailliert das französische Ideal eines «vollkommen weisen Mannes» vor – mit den Eigenschaften «d'un honnête homme, d'un homme scavant, d'un bel esprit, d'un homme de bon gout, et d'un homme galant»: «nach unserer Redens-Art» muss er ein ehrlicher / gelehrter / verständiger / kluger und artiger Kopff» sein.[12]

Wo die humanistische Tradition weiterwirkt, bleibt die Abgrenzung gegen den scholastischen Gelehrten (docte) massgeblich. Charrons harte Entgegensetzung von Weisheit und Wissenschaft, des Weisen (sage) und des Gelehrten (savant) resümiert aber nicht nur die Kritik am blossen Memorier-Wissen, sondern behaftet Wissen bei seinem Zweck und Nutzen für das Leben. Die Versöhnung von Weisheit und Wissenschaft im Zeichen der Lebensdienlichkeit des Wissens beinhaltet, dass die «sciences morales et naturelles» auf die Verknüpfung von Natur und Tugend im menschlichen Geist bezogen werden und so der widervernünftige Umstand beseitigt wird, «qu'un homme pour estre sçavant n'en soit pas plus sage»[13].

Die Einschätzung des Gelehrten bleibt während des 17. Jahrhunderts kontrovers. Während für die Philosophen und Repräsentanten der neuen Wissenschaft die Abwertung des älteren Gelehrtentypus entscheidend ist und sich sprachlich in der Gegenüberstellung von «docte» und positiv bewertetem «savant» artikuliert, bekunden Adel und höheres Bürgertum weithin Skepsis und Ablehnung gegenüber allen Formen von Gelehrtheit und Wissenschaft. Ein «Philosoph» zu sein, gilt also bei manchen als Ehre, bei anderen als Schmach. Selbst die Gegenüberstellung dessen, der gelehrt im Sinne der Schule (docte), und dessen, der wissend (savant) ist, setzt sich nur allmählich durch, findet aber schliesslich mit der Gründung des «Journal des Sçavans» (1665) ihre institutionelle Verankerung. Im Unterschied zu Descartes, der zwischen honnêteté und der neuen Wissenschaft eine positive Beziehung herstellt, bleibt der savant in der Gesellschaft dem Vorwurf der *Pedanterie* ausgesetzt. Er gehört so – es sei denn, er wäre als «homme habile» akzeptiert – nicht in den Salon;

man spricht ihm «les manières du monde, le savoir-vivre, l'esprit de société» ab.[14]

Der Erfolg von Fontenelles *Entretiens sur la pluralité des mondes* (1686) zeigt eine Veränderung dieser Einstellung gegenüber den Gelehrten neuen Typus an. Fontenelle, der sich selbst als homme galant darstellt, belehrt eine Dame der Gesellschaft in astronomischen Fragen. Die gesellschaftliche Bedeutung der neuen Wissenschaften wird bewusst. Der Umschlag in der gesellschaftlichen Gewichtung der Wissenschaften und ihrer Repräsentanten prägt sich im Begriff des Philosophen aus. Schon in Fontenelles *Entretiens* deutet sich die Ablösung des Ideals einer glückenden gesellschaftlichen Existenz durch den Begriff eines Philosophen an, der der wissenschaftlichen Erkenntnisfindung verpflichtet ist. Methodisch betrachtet «verbringen die wahren Philosophen ihr Leben damit, nichts von dem zu glauben, was sie sehen, und sich zu bemühen, das zu erraten, was sie nicht sehen». Sie entschlüsseln die Natur, wie der Zuschauer im Theater den im Parterre wirkenden Maschinisten erraten muss, verhalten sich dabei aber wie Elefanten, «die im Laufen nie den zweiten Fuss auf die Erde setzen, bis der erste dort wirklich Halt gefunden hat».[15] Fontenelle macht den Schnitt zwischen «anciens» und «modernes» bei Descartes' mechanischer Philosophie, mit der die ganze Antike ihre Reputation verloren habe.[16] – Parallele, wenn auch weniger radikale und zukunftsträchtige Tendenzen zeigen sich in der bürgerlichen Kritik am nobilitären honnêteté-Ideal, die dessen ästhetische durch eine sozial-ethische Ausrichtung ersetzt[17], oder in der Reetablierung einer *Philosophie des gens de Cour,* wie sie der Abbé (Armand) de Gérard betreibt, der sich vornimmt, frei von der verrufenen Manier, mit «termes barbares», «précisions inutiles» und «formalités embarassantes», frei aber auch von «suppositions mathematiques» und «nouveautés bizarres» zu philosophieren, seine Leser sowohl zu *Sçavans* («en éclairant l'entendement par les connoissances de la *Phisique*») wie zu *Vertueux* («en reglant la volonté par les maximes de la *Morale*») zu machen.[18] Diese Entwicklungen leiten zum Selbstverständnis der «philosophes» des 18. Jahrhunderts über, das sich noch in der *Encyclopédie* verbaliter im Rückbezug auf den honnête homme artikuliert.


### Das Wissen des Philosophen


Die Wandlungen im Wissensbegriff, die Herausbildung der «neuen Wissenschaft» und die progressive Wissensentwicklung im 17. Jahrhundert haben, wenn auch mit einer gewissen Verzögerung, mindestens ebenso wesentlich wie der Wandel des gesellschaftlichen Leitbildes zu einer Veränderung, ja neuen Formierung des «Philosophen» beigetragen. Es ist hier nur möglich, einige Schlaglichter auf diese Entwicklung zu werfen. Zunächst fällt auf, dass zur Selbstdarstellung der «neuen Philosophen» die kritische Stellungnahme gegen «die Philosophen», keineswegs nur mehr gegen «den» Philosophen (Aristoteles), gehört. Gemeint sind jetzt die antiken Philosophen (so deutlich bei Hobbes), wie sie in den Schulen gelehrt werden, mitsamt der ganzen «Philosophie der Schule» und deren Repräsentanten, den «gens d'école» bzw. «scholastici». Im Umkreis der grossen Neubegründer von Philosophie und Wissenschaft gilt die Kritik an «den» Philosophen der Ausrichtung ihrer Studien an der Lektüre von Büchern, der Behandlung von Philosophie als «Geschichte», der damit verbundenen Förderung des Gedächtnisses (mémoire) anstelle des Nachdenkens (méditation) und ganz allgemein der Autoritätsgläubigkeit.

Es leuchtet ein, dass bei der kritischen Bezugnahme auf Philosophiestudium, Lektüre und philosophisches Denken die Person (nicht zuletzt in den Rollen des Lehrers, Schülers, Lesers, Autors usw.) ins Spiel kommt. Dass das auch in der Methodendiskussion geschieht, ist Cartesisches Erbe. Wenn Descartes klagt, dass es bislang «fast allen Chymisten, den meisten Geometern und nicht wenigen Philosophen» an einer Methode für ihre Forschung (investigatio) mangelt[19], und Malebranche die mangelnde Ordnung in den Studien (études) der Philosophen im Hinblick auf das vorbildliche Verfahren der Geometer beanstandet[20], dann geht es zunächst um den Zustand der verschiedenen Wissenschaften und nicht schon um die methodische Einstellung ihrer Repräsentanten. Anders dort, wo die «geistige Intuition» (intuitus mentis) berufen wird: Statt von dem auszugehen, was man deutlich weiss, kritisiert Descartes, bringen die Philosophen «hochfliegende und weithergeholte Gründe» bei, die auf nicht hinreichend durchschaute Fundamente abgestützt sind[21], mit denen auch beispielsweise in einer konkreten dioptrischen Frage nichts zu erreichen ist.[22] Es ist die Methode, in deren Befolgung der «neue Philosoph» seine Identität findet. Die der Methode wesentliche Ordnung und Disposition der Erkenntnisgegenstände impliziert den Rückgang aufs Einfache und seine intuitive Vergewisserung. Die letztere kann in den Erfahrungen selbst oder mittels eines uns angeborenen Lichtes geschehen.[23] Die Begründung dieser Methode führt über den Zweifel, der nur vom Ich zu vollbringen ist.

Der Philosoph als das Subjekt des Zweifels und der Gewissheit gehört damit in den Theorie-Kern der neuen Philosophie. Die Selbstvergewisserung des «denkend bin ich» (cogitans sum) wird zum exemplarischen Fall der gesuchten «klaren und deutlichen Erkenntnis». Die zweifelsfreie Selbstvergewisserung verbrieft Prinzipien und Wahrheitskriterien. H. Oldenburg, Sekretär der Royal Society, lässt brieflich eine Art Arbeitsteilung aufscheinen: die einen befestigen die Philosophie durch Experimente und Beobachtungen, die anderen sind mit der Feststellung der Prinzipien der Dinge befasst.[24] Nach Christian Thomasius – der damit eine dritte Position einnimmt – gehört es zum rechtschaffenen Weltweisen, seine Philosophie auf Selbsterkenntnis (durch «dogmatischen» Zweifel) und Erfahrung (aus dem und im Umgang mit anderen Menschen) zu gründen.

Bei der Vergegenwärtigung des über sein Wissen definierten Philosophen des 17. Jahrhunderts stösst der moderne Beobachter auf einen besonders befremdlichen Befund. Denn der Philosophenname begegnet häufig, wo aus heutiger Sicht von «Naturwissenschaftlern» die Rede sein müsste. Der terminologische Zusammenhang mit Traditionen sowohl aristotelischer wie stoischer Ausrichtung, in denen problemlos vom «Philosophus Physicus» oder von den «Philosophes naturels» die Rede ist, liegt auf der Hand. Francis Bacon bescheinigt Anaxagoras, den Atomisten, Parmenides, Empedokles und Heraklit, im Gegensatz zu Aristoteles, dass sie «etwas von einem Naturphilosophen» (aliquid ex philosopho naturali) hatten.[25] Auch für Leibniz ist es ganz selbstverständlich, dass die Erklärung der Naturphänomene – des Luftdrucks, der Gravitation, des Magnetismus usw. – eine Sache der «Philosophen» ist. Verdeutlichend spricht er von «Philosophi Mechanici», «Philosophi Experimentales», nämlich «Medici, Chymici et Mechanici» oder «Philosophi exactiores».[26]

Interessant ist es nun aber, dass sich die experimentellen Forscher selbst als «Philosophen» deklarieren. Die englische Philosophie des 17. Jahrhunderts entwickelt – ausgehend von Francis Bacons philosophiekritischem Plädoyer für die Erfahrung – Begriff und Praxis des «experimental philosopher». Robert Boyle macht bei der Beschreibung dieses als «virtuoso» bezeichneten Typs klar, dass es sich nicht um einen «blossen Empiriker oder irgendeinen gewöhnlichen Chemiker» handelt, «der zu oft Experimente macht, ohne über sie nachzudenken, indem er sich eher zum Ziele setzt, Wirkungen zu erzeugen als Wahrheiten zu entdecken».[27] Doch nicht der Empirismus steht im Zentrum von Boyles Kritik; die Apologie des «virtuoso» hat die «rational philosophers», ihre Vernachlässigung der Erfahrung und ihre vorschnelle Systematisierung von einzelnen, empirisch fundierten Einsichten im Visier. Die «neuen Philosophen»[28], schon durch ihr Interesse am Experiment von der noch nicht sach-, sondern primär wortwissenschaftlich geprägten Institution Universität getrennt, organisieren sich in neuartiger Weise, behalten aber auch dabei noch lange den Bezug zur Philosophie. Das zeigt sich, wenn z. B. Oldenburg in Briefen an Spinoza die Royal Society als «philosophisches Kollegium» betitelt.

Die Auseinandersetzungen um das Verhältnis von *Mathematik und Naturphilosophie* spiegeln sich in der Gegenüberstellung der Titel des Mathematikers und des Philosophen. In einem Brief vom 7. Mai 1610 wünscht Galilei neben dem Namen des Mathematikers auch den des Philosophen zu tragen – mit der Begründung, er habe mehr Jahre in der Philosophie als Monate in der reinen Mathematik gearbeitet.[29] Institutionelle Wirklichkeit erhält die Trennung der Wissenschaften jedoch bei der Gründung der «Académie des Sciences». Während ursprünglich eine Vereinigung von Repräsentanten aller Wissenschaften geplant war, bilden im realisierten Projekt allein die Mathematiker den Kern der Akademie, der sich dann um die Physiker (physiciens) erweitert. Im Vorwort zu Fontenelles Geschichte der Akademie ist der übergreifend-verbindende Philosophen-Titel nicht mehr zu finden.

Verglichen mit der epochemachenden Transformation des Naturphilosophen ist es marginal, wenn in Deutschland Johann Christian Sturm (1635–1703) erstmals 1672 ein «Collegium experimentale» als Privatvorlesung an der Universität Altdorf ankündigt. Für die (vornehmlich deutsche) Schulphilosophie mündet die Zersetzung des barocken, enzyklopädisch gefassten Systemgedankens, einschliesslich seiner pansophischen Ausprägung bei Comenius, in die Figur des *Polyhistors,* der nicht mehr so sehr das Ganze des Wissens im Blick hat, als vielmehr den vielfältigen Wissensstoff auf seinen lebenspraktischen bzw. pädagogischen Nutzen hin beurteilt und entsprechend unter Gesichtspunkten seiner Benutzbarkeit zusammenstellt. Die Ordnung des Wissens steht im Dienste seiner Verfügbarkeit. Eine einheitliche Systematik ist nicht mehr im Blick. Entsprechend betreibt der junge Christian Thomasius die Verwandlung von Philosophie in Eklektik. Der eklektische Selbstdenker, der eine praxisorientierte Wissenschaft auf den Weg zu bringen versucht, steht nun hart gegen den Schulphilosophen (sectarius) und die bisherige pedantische «Gelahrtheit» überhaupt, ohne aber dabei ein näheres Verhältnis zur neuen Naturphilosophie und ihrer mathematischen Grundlegung zu finden.

Zuletzt noch einige Bemerkungen zum Verhältnis von *Philosoph und Theolog.* Das ist um so wichtiger, als in den Texten des 17. Jahrhunderts weitaus am häufigsten dort von den Philosophen die Rede ist, wo Fragen der christlichen Religion und Theologie berührt werden. Im deutschen Äquivalent «Weltweiser» ist die Relevanz des Religiösen ex negativo schon im Wort aufdringlich. Das zwischen Philosophie und Theologie sachlich Strittige ist im konfessionellen Zeitalter nicht von der Konfrontation zwischen Personen bzw. Gruppen zu trennen, in der es um die Freiheit und oft sogar um das nackte Überleben des einzelnen geht. So verwundert es nicht, dass der «Philosoph» des 17. Jahrhunderts in den Auseinandersetzungen um Christentum und Theologie seinen eigentlichen «Sitz im Leben» hat und hier auch textlich in der bekenntnishaften Ich-Form begegnet.

Der Neustoizist Justus Lipsius beispielsweise verwahrt sich gegen Angriffe, seiner (stoischen) Ethik fehle das christliche Element, mit dem
Argument: «Wenn ich ein Theologus sein wollen / so hette ich geirret: Nu
ich aber nur ein Philosophus zu sein begeret / warum schelten sie mich?»
und bekennt: «Ich wil mit . . . meinem Bötchen am Ufer bleiben / und ein
Philosophus sein / aber doch ein Christlicher Philosophus.»[30] Ähnlich verteidigt Gassendi seine Epikur-Interpretation in einem Brief vom 2. Nov.
1632 an Campanella, indem er zwischen seinem Handeln als Philosoph und
seinem Christ- und Theologe-Sein unterscheidet, diese Differenz aber in
der vom Theologen verantworteten Einschätzung dessen, «was jeder der
beiden Rollen ziemt», aufgehoben weiss.

Spinoza vollzieht eine schärfere Abgrenzung zwischen Philosophie und
christlicher Theologie. Ein «reiner Philosoph» stellt für ihn bei der Prüfung
der Wahrheit allein auf den «natürlichen Verstand» ab und kann sich
deshalb auch nicht «theologischer Ausdrucksweisen» bedienen.[31] Immer
wieder sieht sich Spinoza gezwungen, seine «Freiheit zu philosophieren und
zu sagen, was man denkt», gegen die Theologen und das Volk zu verteidi-
gen.[32] Er erhält sogar rabiate Bekehrungsbriefe von christlicher Seite; der
zum Katholizismus konvertierte Albert Burgh schreibt ihm: «Komm zu
Verstand, Philosoph, erkenne deine weise Torheit und deine wahnwitzige
Weisheit».[33]

Auch *innerhalb* der Theologie ist die Stellung der Philosophie strittig.
Exemplarisch verteidigt sich der Lutheraner Jacobus Martini (1570–1649)
gegen theologische Angriffe von Schülern Daniel Hoffmanns (1538–1611)
auf die Philosophie bzw. «mich und andere orthodoxos Philosophos und
Theologos». Es geht um die Bedeutung der Philosophie für Studium und
Lehre der Theologie. Die «Enthusiasten» monieren, dass «die nasenwitzige
Philosophen und Weltweisen» die lutherische Lehre, dass die menschliche
Vernunft grundsätzlich verderbt sei, aufweichen. Martini unterläuft diese
Kritik, indem er ihre Vertreter auf die Auffassung festlegt, als «Philosoph»
sei der natürliche Mensch angesprochen, hier gehe es aber um Philosophen
als «homines de schola», «Leut aus den Schulen / die nit weit in die Welt
kommen / und also sich in der Weltweissheit nit viel geübet»! Dem ver-
schrieenen Weltweisen, präziser: dem Weltmenschen setzt Martini den
«waren / Christlichen / rechtgleubigen Philosophum» entgegen.[34] – Das
17. Jahrhundert kennt eine Fülle von Vermittlungen zwischen Theologie
und Philosophie, was sich jeweils bis in das Bild der Repräsentanten aus-
wirkt. In augustinischer Tradition etwa verkörpert die Figur des «christlichen Philosophen» eine andere, innerlichere Form der Verständigung zwischen Philosoph und Theolog als in der lutherischen Orthodoxie. Der
Oratorianer Nicolas Malebranche bekennt sich dazu, nicht nur Christ,

sondern auch Philosoph zu sein, wenn er in seinem Inneren die Stimme
Gottes hört. Auch Leibniz arbeitet intensiv an den Grundlagen für eine
Verständigung zwischen Philosophen und christlichen Theologen, wie er
sich auch um interkonfessionelle Einigung bemüht. Beredtes Zeugnis ist
das 1673 geschriebene Gespräch *Confessio Philosophi,* in dem ein Philosoph als Katechumene einem theologischen Katecheten seine Theologie
darlegt – beide auf dem Boden der Vernunft in der Überzeugung von der
Übereinstimmung zwischen Vernunft und Glaube.

Am Ende des 17. Jahrhunderts ist dann der Streit zwischen Philosophen
und Theologen soweit entschieden, dass z. B. der deutsche Ausdruck «Weltweiser», soweit er von der Erinnerung an eine den Philosophen negativ
gegen den Gottesgelehrten abgrenzende Bestimmung besetzt ist, verworfen werden kann.[35]


## Zur gesellschaftlichen Stellung des Philosophen

Was ist nun, nach dieser Skizze des Philosophen als Verkörperung einer
Lebensform und hinsichtlich des ihm eigenen Wissens, einer Skizze, die sich
tendenziell als Selbstdarstellung oder «Selbstbild» versteht, nämlich nur
aufgreift, was Philosophen des 17. Jahrhunderts von sich selbst und ihresgleichen geäussert haben – was ist nun über den gesellschaftlichen Ort
dieser Philosophen auszumachen?

In einigen Ländern Europas, vor allem in Frankreich und Deutschland,
stand das 17. Jahrhundert im Zeichen adliger Hofkultur, die die humanistische Stadtkultur des 16. Jahrhunderts abgelöst hatte. In Holland und auch
in Italien blieb diese Stadtkultur hingegen weitgehend erhalten. Der Rückgang des politischen Einflusses der Städte und ihre wirtschaftliche Verar-
mung wirkten sich kulturell aus. Unter den Höfen Europas nahm in der
2. Jahrhunderthälfte der französische Königshof unter Ludwig XIV. eine
führende Stellung ein. Die Verlagerung der politischen und administrativen
Aufgaben an die Höfe zeitigte dort einen erheblichen Bedarf an juristisch
geschulten Beratern (jurisconsulti) und Beamten. Hingegen ist der Einfluss
der Hofkultur auf die soziale Stellung der Philosophen nur schwer ab-
schätzbar. Er zeigte sich z. B. darin, dass viele Philosophen einen adligen
Gönner hatten, auf den sie für ihren Lebensunterhalt angewiesen waren.

Die Philosophen, auch im engeren Sinne der philosophiegeschichtlich
archivierten Autoren, bildeten keine homogene Gruppe. Ihr sozialer Status
wurde im wesentlichen von ihrer Herkunft, daneben von ihren Leistungen
und bei den Professoren von den Anstellungsbedingungen bestimmt. Eine
zentrale Rolle spielte der Durchbruch der neuen Wissenschaft. In Italien,

Frankreich, Holland und England ergaben sich damit für die beteiligten Philosophen ganz andere Perspektiven, als sie das Universitätsleben in Deutschland – «starr-konservativ, geistiger Erneuerung misstrauisch, ja feindlich gesonnen, unfruchtbar stagnierend»[36] – und auf der iberischen Halbinsel bot. Galilei oder Newton beispielsweise erreichten hohes gesellschaftliches Ansehen und waren auch finanziell entsprechend gut gestellt. Wesentlich schlechter stand es um die Philosophen auf den deutschen Universitäten, an denen sich im 17. Jahrhundert der Aristotelismus dank dem Bedürfnis der Theologie nach einer mit Hilfe präziser philosophischer Begriffe durchformulierten Dogmatik wieder durchsetzte[37] und die Theologie einen unbestrittenen Vorrang besass. Fast auf allen deutschen Universitäten war der Cartesianismus verboten, die wenigen hier lehrenden Cartesianer, Johannes Clauberg (Professor in Herborn und Duisburg) und Christoph Wittich (zwischen 1648 und 1650 Professor in Herborn), gerieten in Konflikt mit Kollegen, Landesherren und Synoden, weil sie die Philosophie als höchste Wissenschaft und nicht länger als Magd der Theologie betrachteten.[38] – Der Philosoph in der Rolle des Professors an der Artistenfakultät verfügte im allgemeinen ohnehin über wenig Ansehen. Es gab eine strenge Hierarchie mit dem ersten theologischen Ordinarius an der Spitze, die sich auch finanziell stark auswirkte; am unteren Ende rangierten Medizin- und Philosophieprofessoren. Auch waren die Grenzen zwischen den Lehrern an Universitäten und an Gymnasien oder Kollegien fliessend. – In Frankreich wurde Philosophie schon grossenteils in den «collèges de plein exercise» gelehrt (welche die Artistenfakultäten sogar völlig verdrängten). Die finanziellen Einkünfte der Philosophieprofessoren waren hier ebenfalls sehr bescheiden.

Besonders bemerkenswert ist (auch im Vergleich mit der heutigen Situation), dass bedeutende Geister wie Descartes, Malebranche, Spinoza, Leibniz, Newton, Boyle, Huygens und Tschirnhaus – die sich nach dem Sprachgebrauch der Zeit sämtlich als «Philosophen» verstanden – keine Lehrverpflichtungen an einer Universität hatten.

Eine grössere Zahl von Philosophen war zwischen dem traditionellen universitären Lehrbetrieb und der neuen Wissenschaft, die ihre institutionelle Basis in den Akademien fand, angesiedelt. Neben den Ordensleuten ist hier insbesondere an die Naturphilosophen der paracelsianischen Tradition und an die der Mystik verpflichteten Denker zu erinnern. Ihr Leben und ihre gesellschaftliche Stellung waren von der (nachlassenden) Nachfrage nach esoterischem Wissen bestimmt, sie bekamen, wie die ‹Freidenker› verschiedenster Observanz, auch die in religiösen Fragen herrschende Intoleranz am schnellsten und härtesten zu spüren.

Ganz generell entwickelten die Philosophen bzw. Gelehrten des

17. Jahrhunderts ein Bewusstsein ihrer Zusammengehörigkeit. Begriffe wie «nobilitas literaria» oder «Gelehrtenrepublik» bezeugen das. Von einem eigentlichen Gelehrtenstand zu sprechen wäre allerdings übertrieben, doch gab es über die geteilten wissenschaftlichen Interessen hinaus auch Gemeinsamkeiten in den äusseren Lebensformen und -gewohnheiten. Die Reisen der Gelehrten hatten das Ziel der Besuche bei ihresgleichen; man wies sich durch sein Stammbuch aus und deklarierte damit zugleich seine Beziehungen.[39] Umfangreiche Briefwechsel bildeten das andere Element der geistigen Beziehungspflege, sie waren überdies Informations- und Bildungsquelle. Die Publikationen fanden zu einem guten Teil ihre Leser in der eigenen Schicht. Auch wo die Gelehrten in Kontakt mit dem Volk kamen, wahrten sie ihre Besonderheit. Für die Philosophen, die sich weltabgeschieden ihren Studien widmeten, war das naheliegend. Für die Philosophen der neuen Wissenschaft bildeten die Akademien die institutionelle Realität der gelehrten Welt.

Was die *soziale Herkunft* betrifft, so kamen die Gelehrten des 17. Jahrhunderts aus allen sozialen Schichten. Die Analyse der Lebensläufe von 230 Philosophen aus ganz Europa zeigt allerdings, dass Adel (ca. 20%) und wohlhabendes Bürgertum (ca. 50%) wesentlich stärker vertreten waren als arme Bürger, Handwerker und Bauern. Die herkunftsmässig begründeten sozialen Unterschiede liessen sich nur partiell durch Leistung oder Verdienst kompensieren.[40] Von Bedeutung war natürlich oft die Heirat, anderseits der Eintritt in einen Orden.

Beinahe alle Philosophen des 17. Jahrhunderts – Ausnahmen sind Jakob Böhme, Hobbes oder Spinoza – absolvierten ein *Universitätsstudium*. Sie verfügten dabei meist über mehr als die philosophische Ausbildung in der Artistenfakultät, sie hatten juristische Studien betrieben (Descartes, Leibniz), waren medizinisch geschult (Johann de Raey, Louis de la Forge, John Locke) oder hatten sich der Theologie gewidmet (wie viele der deutschen Philosophieprofessoren).

Hinsichtlich der *beruflichen Tätigkeit,* mit der sich die Philosophen ihren Lebensunterhalt sicherten, ergibt sich ein sehr differenziertes Bild. Es finden sich nur wenige Privatgelehrte, die aus ererbtem Vermögen leben konnten (ca. 5%), z. B. Descartes und Boyle. Anderseits gab es unter den Philosophen praktisch keine mittellose Boheme. Auch Handwerker waren nur spärlich vertreten: berühmtestes Beispiel ist der Schuhmacher Jakob Böhme in Görlitz.

Für *Frankreich* ist ein hoher Anteil von Theologen bzw. Ordensleuten belegt. Während die weltlichen Philosophieprofessoren an den Kollegien ihr Amt häufig lebenslang bekleideten, lehrten Ordensprofessoren nur übergangsweise für kurze Zeit.

In *England* fingen die meisten der bei unserer Untersuchung berücksichtigten ca. 70 Philosophen ihre Laufbahn als Universitätslehrer an, sie wurden dann Geistliche, kehrten aber oft wieder in höherer Stellung an die Universität zurück und erhielten schliesslich ein höheres geistliches Amt (über 50%). Etwa 15% betätigten sich als Politiker oder Staatsbeamte, mit einem, wie das Beispiel von Kenelm Digby (1603–1665) zeigt, zum Teil äusserst farbigen Leben. Etwa 10% waren als Ärzte tätig, etwa 5% als Privatlehrer oder Sekretäre im persönlichen Dienst von Adligen (wie Hobbes und Locke). Nicht selten übten die Philosophen mehrere berufliche Tätigkeiten aus, sei es neben-, sei es nacheinander. So war Robert Fludd (1574–1637) Arzt, verfolgte aber zugleich geschäftliche Interessen in bezug auf die Stahlherstellung. Francis Glisson (1597–1677) lehrte zunächst Griechisch, praktizierte später als Arzt und wurde Fellow des «College of Physicians» in Cambridge, wo er auch als Lektor für Anatomie wirkte.

Auch in *Deutschland* bieten die Philosophen ein farbiges Bild verschiedener beruflicher Tätigkeiten. Untypisch ist der Fall von Ehrenfried Walter Tschirnhaus (1651–1708), eines Vorindustriellen, der Linsen und optische Instrumente herstellte, Experimente in seinem Labor durchführte – und sich damit finanziell ruinierte. Häufiger sind Staatsbeamte anzutreffen (ca. 15% der ca. 70 in Betracht gezogenen Philosophen); etwa Samuel Pufendorf (1632–1694), der 1677 Historiograph und Staatssekretär des schwedischen Königs Karl XI. und 1686 Geheimer Rat in Berlin wurde, oder Leibniz, der zunächst in kurmainzischen Diensten stand und dann ab 1676 als Bibliothekar, juristischer Hofrat und Historiograph am Hof in Hannover wirkte. Da die Universität im geistigen Leben Deutschlands eine wesentlich wichtigere Rolle als in Frankreich, Holland und England spielte, auch eine grössere Zahl von Universitäten existierte, erstaunt es nicht, dass mehr als die Hälfte der Philosophen als Hochschullehrer tätig waren, wenn auch nicht selten in Verbindung mit einer politischen Berater- und Gutachtertätigkeit, einer Gerichts- oder medizinischen Praxis. So war der Helmstädter Professor Hermann Conring (1606–1681), Inhaber zunächst einer naturphilosophischen Professur, die er dann mit der medizinischen vertauschte, zu der später noch die zweite Professur für Politik hinzukam, als Leibarzt am ostfriesischen und am schwedischen Hof tätig und anerkannt; darüber hinaus verfasste er Denkschriften zur Abstützung politischer Interessen des französischen Königs, deutscher Fürstenhöfe usw. – In der Regel war der Beruf eines Philosophieprofessors mit wenig Prestige und relativ geringer Bezahlung verbunden. Die philosophische Fakultät erfüllte ja auch eine rein propädeutische Funktion. Nebeneinnahmen, auf die man angesichts der Geldentwertung vor dem Dreissigjährigen Krieg oder der Zerrüttung der Staatsfinanzen in vielen Fürstentümern immer wieder angewiesen war, resultierten aus Privatvorlesungen, Promotions- und Rezeptionsgebühren, aus professoraler Schanktätigkeit und der Aufnahme von Tischgängern. Die Universitätsphilosophen versuchten deshalb stets, in eine höhere Fakultät überzuwechseln oder eine andere, besser bezahlte Anstellung, z. B. an einem städtischen Gymnasium zu finden. Um zwei Beispiele zu nennen: Johannes Musäus (1631–1681), zunächst Professor der Geschichte und Poesie an der Universität Jena, wurde 1646 nach Ablegung der theologischen Doktorprüfung ordentlicher Professor der Theologie; Joachim Jungius (1587–1657) vertauschte 1629 seine Professur für Mathematik in Rostock mit dem Rektorat des Akademischen Gymnasiums und des Johanneums in Hamburg. – An den katholischen Universitäten war die Lohnstruktur ausgeglichener, dennoch bemühten sich auch hier die Philosophieprofessoren aus Prestigegründen um einen Lehrstuhl an einer höheren Fakultät.[41]

Die niedrige Stellung der Professoren der philosophischen Fakultät wurde durch die krisenhafte Situation, in die viele Universitäten infolge der Kriegswirren gerieten, noch unterstrichen. F. Eulenburg hat für die deutschen Universitäten zahlenmässig belegt, dass einer Phase des Aufschwungs, die vor dem Dreissigjährigen Krieg zu einem erst wieder im 19. Jahrhundert übertroffenen Frequenzmaximum führte, ein Einbruch und ein langsamer Anstieg zwischen 1640 und 1660 folgten, dann aber erneut ein Abschwung einsetzte, bis sich erst um die Wende zum 18. Jahrhundert die Entwicklung umkehrte.[42]

Bei der Skizzierung der gesellschaftlichen Stellung der Philosophen im 17. Jahrhundert darf nicht verschwiegen werden, dass viele auf Grund der herrschenden religiösen Intoleranz oder aus politischen Ursachen verfolgt wurden. In Frankreich waren vor allem jansenistische und hugenottische Philosophen betroffen; in den Mittelmeerländern wurden ca. 30% der Philosophen zeitweise ins Gefängnis geworfen oder einem Inquisitionsprozess ausgesetzt. Jüdische Denker wie Uriel da Costa mussten Spanien verlassen. Der englische Bürgerkrieg und die Folgezeit liessen auch die Philosophen nicht ungeschoren; in Holland ist Hugo Grotius das bekannteste Opfer politischer Verfolgung gewesen. Und nicht nur Giordano Bruno starb 1600 auf dem Scheiterhaufen, auch der Chiliast Quirinus Kuhlmann (1651–1689) erlitt auf einer Missionsreise in Moskau diesen Tod.

Die Auseinandersetzungen und Unruhen des Jahrhunderts spiegeln sich deutlich in den Philosophenbiographien. «Philosophen» lassen sich dabei in allen Lagern finden. Die biographischen Ereignisse sind vielfach schicksalhaft und werden als solche hingenommen. Zur gesellschaftlichen Situation der Philosophie des Jahrhunderts gehören auch die religiösen und theologischen Kämpfe, in die selbst die Anstrengungen um Begriff und

Durchsetzung der neuen Wissenschaft eingebettet sind. In diesen Kämpfen
arbeitet sich, zumeist noch unterschwellig, eine neue Identität der Philosophen heraus, die sich wohl bereits nach 1680 mit den Schwalben der Früh-
aufklärung meldet, doch sich erst im folgenden Jahrhundert öffentlich und
wirksam deklarieren wird.


## Anmerkungen


1 Im folgenden wird vornehmlich auf den Artikel «Philosophe» in Band 3 des *Dictionnaire Universel* von Antoine Furetière, zuerst La Haye/Rotterdam 1690, Bezug genommen.
2 Aus R. Descartes' Brief an den Abbé Picot, in: *Œuvres*, publ. par Ch. Adam et P. Tannéry (zit. AT), vol. IX-2, p. 5.
3 «un esprit élevé au dessus des autres, qui est gueri de la preoccupation, des erreurs populaires, & des vanitez du monde» (Furetière, a. a. O.).
4 Pierre Charron: *De la sagesse*, in: *Toutes les œuvres,* vol. 1, Paris 1635, préf. n. 5.
5 M. Esp., zit. im *Dictionnaire Universel* von Furetière, a. a. O.
6 C. A. Heumann: *Acta Philosophorum, das ist: Gründliche Nachrichten aus der Historia Philosophica . . .,* Halle 1715, S. 90.
7 A. a. O.
8 Nicolas Faret: *L'honneste-homme, ou l'art de plaire à la court,* Paris 1630.
9 Jean de la Bruyère: *Les caractères de Théophraste, traduits du grec, avec Les Caractères ou les Mœurs de ce siècle,* Paris 1688, Des jugements, n. 55.
10 O. Roth: *Die Gesellschaft der «Honnêtes Gens». Zur sozialethischen Grundlegung des honnêteté-Ideals bei La Rochefoucauld,* Heidelberg 1981, S. 472ff.
11 Antoine Gomband, Chevalier de Méré: *Œuvres complètes,* éd. par C.-H. Boudhors, Paris 1930, vol. 3, p. 69f.
12 In: *Deutsche Schriften,* ausgewählt und hg. von P. von Düffel, Stuttgart 1970, S. 13.
13 *De la Sagesse,* a. a. O., III, 14, p. 103ff.
14 Jean de La Bruyère, *Caractères,* a. a. O., Des jugements, n. 18.
15 Bernard le Bovier de Fontenelle: *Entretiens sur la pluralité des mondes.* Ed. critique par A. Calame, Paris 1966, p. 17f., 177.
16 Ebd., p. 18ff.
17 O. Roth, a. a. O., S. 489ff.
18 L'Abbé (Armand) de Gérard: *La philosophie des gens de Cour,* Paris 1681, préf.
19 R. Descartes: *Regulae ad directionem ingenii,* AT X, p. 371, reg. IV.
20 N. Malebranche: *Recherche de la verité,* Paris 1674/75, III, I, III, § 1, 3.
21 *Regulae,* a. a. O., S. 401, reg. IX.
22 Ibid., S. 394, appendix ad reg. VIII.
23 Ibid., S. 383, reg. VI.
24 *Spinozas Briefwechsel,* hg. von C. Gebhardt; 2. ergänzte Aufl. hg. von M. Walther, Hamburg 1977, 16. Brief.
25 F. Bacon: *Novum Organum,* London 1620, 1. Teil, Nr. 63.
26 G. W. Leibniz: *Sämtliche Schriften und Briefe.* Hg. von der Deutschen Akademie der Wissenschaften zu Berlin, Reihe 6, Bd. 3, S. 68; Bd. 2, S. 340; Bd. 3, S. 55.
27 R. Boyle: *The Christian Virtuoso* (1690), in: *Works* vol. 5, p. 524.
28 Ibid., p. 509.
29 G. Galilei: *Opere.* Edizione nazionale, vol. 10, p. 353.
30 J. Lipsius: *De Constantia libri duo* (1584); dt. Ausg.: *Von der Bestendigkeit Zwey Bücher,* Leipzig 1601, Vorwort zur 2. Aufl.

31  *Spinozas Briefwechsel*, a. a. O. (Anm. 24), 23. Brief.
32  Ibid., 30. Brief.
33  Ibid., 67. Brief.
34  J. Martini: *Vernunfftspiegel*, Wittenberg 1618, zit. S. 2, 424, 59, 66.
35  C. A. Heumann: *Acta Philosophorum*, a. a. O. (Anm. 6), S. 314.
36  N. Hammerstein: Universitäten des Heiligen Römischen Reiches deutscher Nation als Ort der Philosophie des Barock, in: *Studia Leibnitiana* 13 (1981) S. 249.
37  *Geschichte der Universität Jena 1548/58–1958*. Festgabe zum 400jährigen Universitätsjubiläum. Bd. I: Darstellung, Jena 1958, S. 83f.
38  G. Menk: *Die Hohe Schule Herborn in ihrer Frühzeit (1584–1660)*. Ein Beitrag zum Hochschulwesen des deutschen Kalvinismus im Zeitalter der Gegenreformation, Wiesbaden 1981, S. 89f.
39  E. Trunz: Der deutsche Späthumanismus um 1600 als Standeskultur, in: *Deutsche Barockforschung*. Dokumentation einer Epoche, hg. von R. Alewyn, Köln/Berlin 1965, S. 163.
40  P. Baumgart: Zur wirtschaftlichen Situation der deutschen Universitätsprofessoren am Ausgang des 16. Jahrhunderts: Das Beispiel Helmstedt, in: *Jahrbuch für fränkische Landesforschung* 34/35 (1975), S. 959.
41  N. Hammerstein, a. a. O. (Anm. 36), S. 251.
42  F. Eulenburg: *Die Frequenz der deutschen Universitäten von ihrer Gründung bis zur Gegenwart*, Leipzig 1904. In England und Frankreich setzt sich die Degression der Studentenzahlen noch durchs 18. Jahrhundert fort.

# Wissenschaft und Sozietätsbewegung im 18. Jahrhundert

*François de Capitani*

## I. Grundfragen des 18. Jahrhunderts

Das 18. Jahrhundert wird gerne als das «gesellige Jahrhundert» bezeichnet, als das Zeitalter der Salons, der Akademien, der mehr oder weniger gelehrten Gesellschaften, der Logen und Zirkel.[1] Ebenso hat man dieses Jahrhundert das «Jahrhundert der Naturwissenschaft» genannt.[2] Diese beiden fundamentalen Aspekte ein und derselben Epoche können in engem Zusammenhang gesehen werden; die Strukturen der Geselligkeit haben den Wissenschaftsbetrieb entscheidend geprägt, und ebenso hat das wissenschaftliche Interesse wesentlich die Formen der Soziabilität mitbestimmt.

Ein neues Welt- und Menschenbild hatte seit dem 17. Jahrhundert den Wissenschaften, besonders den Naturwissenschaften, schrittweise eine bisher ungeahnte Bedeutung gegeben. Wenn die Welt als veränderbar, das Geschick der Menschheit als beeinflussbar angesehen wurden, so kam den Wissenschaften eine entscheidende Rolle zu. Aus der Kenntnis der Gesetzmässigkeiten der Natur sollten Handlungsanweisungen für eine bessere Zukunft gewonnen werden können. Was noch in der frühen Neuzeit als ungeheuerliche Anmassung gegen den göttlichen Heilsplan angesehen werden musste, galt nun als vornehmste Pflicht der aufgeklärten Zeitgenossen: das Schicksal der Menschheit selbst an die Hand zu nehmen, um eine bessere und glücklichere Zukunft realisieren zu können. Der Fortschrittsglaube und der unbedingte Wille, das Glück der Menschheit in die Tat umzusetzen, prägten das Denken der Aufklärung. Ein Berner Philosoph, Beat Ludwig von Muralt, hat diesen Traum auf eine kurze und prägnante Formel gebracht. Er definiert den Philosophen als «l'homme qui voudrait mettre ses idées en pratique»[3]. Wenn schliesslich die amerikanische Unabhängigkeitserklärung von 1776 das «Streben nach Glück» zu den unveräusserlichen Rechten eines jeden Menschen zählt, so hat hier ein Grundgedanke der aufgeklärten Philosophie Eingang in die politischen Programme gefunden.

Besitz und Bildung bestimmen in immer höherem Masse die Stellung des Individuums. Nicht mehr Geburt und Stand allein definieren den gesellschaftlichen Rang. Die Autonomie des Individuums rückt in den Vordergrund, die Gesellschaft definiert sich als Vereinigung verantwortungsbewusster Einzelner. C. B. McPhearson hat für dieses neue Bewusstsein die prägnante Formel des «Besitzindividualismus» geprägt[4]:

*Der possessive Charakter des Individualismus im 17. Jahrhundert liegt in der Vorstellung, dass der Einzelne im wesentlichen der Besitzer seiner Person und seiner Fähigkeiten ist, unabhängig von der Gesellschaft. Das Individuum wird so weder als moralische Grösse, noch als Teil eines grösseren Ganzen verstanden, sondern als Besitzer seiner selbst.*
*So wird die Gesellschaft zu einer Menge von freien und gleichen Individuen, die sich miteinander verbinden als Besitzer ihrer selbst und ihrer erworbenen Qualitäten.*

Was in der Theorie für die gesellschaftliche Organisation der ganzen Menschheit gelten sollte, wurde auch im Kleinen, in der alltäglichen Geselligkeit, zum erstrebenswerten Ideal.

## II. Institutionen der Wissenschaft im 16. und 17. Jahrhundert

Bis weit ins 18. und 19. Jahrhundert hinein waren nicht die Universitäten die wichtigsten Orte der wissenschaftlichen Arbeit; sie waren vor allem Ausbildungsstätten. Wer sich der wissenschaftlichen Forschung widmen wollte, musste dies im Nebenamt tun, es sei denn, seine Vermögensverhältnisse erlaubten ihm die freie Beschäftigung mit wissenschaftlichen Aufgaben.

Immerhin gab es seit dem 17. Jahrhundert in wachsendem Masse Möglichkeiten, zu einem regelmässigen Einkommen aus der wissenschaftlichen Tätigkeit zu gelangen. Zu nennen sind hier vor allem die Arbeit an einer Akademie, die Teilnahme an Preisaufgaben und die Publikation von Büchern und Aufsätzen.

Die Akademien hatten ihren Ursprung im Italien der Renaissance. Schon 1470 war in Florenz eine «Platonische Akademie» gegründet worden, nach deren Vorbild bald in anderen Städten ähnliche Vereinigungen errichtet wurden. Von den über 2200 Akademien, die in Italien im Ancien Régime belegt sind, widmeten sich aber nur ein Bruchteil der eigentlichen wissenschaftlichen Arbeit.[5] Immerhin zählt man 18 solche Institutionen für das 16. Jahrhundert; im 17. Jahrhundert kamen 40 weitere hinzu, im 18. Jahrhundert nochmals 44.

Die Akademie war ein Bestandteil des Lebensstils der italienischen Oberschicht. Pietro della Valle hat 1662 seinen Abschied vom Heimatland mit folgenden Worten beschrieben[6]:

*Aber wie kann ich leugnen, dass es mir ein wenig ein Absterben bedeutet, auf die Akademien verzichten zu müssen, jene schönen Orte, wo man beim Argumentieren immer etwas lernen kann, zu verzichten auf Diskussionen, Bibliotheken, Neuigkeiten aus aller Welt, auf Vorträge und Debatten mit Leuten, die anregend und treffend reden und antworten, alles Dinge, die das Gemüt eines Menschen erfreuen, der nicht ohne Vernunft geboren wurde.*

Die bedeutendste dieser Akademien war sicherlich die «Accademia dei Lincei», die von 1603 bis 1630 in Rom aktiv war. Ihr Gründer, Federico Cesi, wollte den Wissenschaften einen Freiraum zur Verfügung stellen. Er dachte an Arbeitsmöglichkeiten für Wissenschaftler, die ohne Sorge um ihr tägliches Brot sich voll der Forschung zuwenden konnten. Als Utopie schwebte ihm ein geschützter Lebens- und Arbeitsort vor, der den künftigen Berufswissenschaftlern vorbehalten sein sollte. Berühmtestes Mitglied der Accademia dei Lincei war Galileo Galilei, der 1611 zur Akademie stiess.

Ins 17. Jahrhundert fällt auch die Gründung der ersten königlichen Akademien. Die Académie française wurde 1635, die Académie des Sciences 1666 gegründet. Diese königlichen Akademien umfassten eine feste Zahl von besoldeten Mitgliedern; hinzu kamen Honorarmitglieder und korrespondierende Mitglieder.

Unter dem Einfluss von Francis Bacons *Nova Atlantis* (1626) wurde 1660 die Royal Society in London gegründet, die sich ebenfalls die Förderung der Wissenschaften zum Ziel setzte. In Deutschland propagierte Leibniz den Akademiegedanken mit seiner 1669 erschienenen Schrift: *Grundriss eines Bedenkens von Aufrichtung einer Societät in Teutschland zur Aufnahme der Künste und Wissenschaften.* Im Jahre 1700 wurde die Königliche Akademie zu Berlin errichtet, der eine ganze Reihe weiterer Gründungen folgen sollten.[7]

Alle diese königlichen Akademien wiesen gemeinsame Merkmale auf. Sie waren staatliche Institutionen mit einer strengen Hierarchie. Die Forschung stand im Vordergrund und wurde mit besoldeten Stellen und

der notwendigen Infrastruktur wie Laboratorien und Bibliotheken ausgerüstet.

Die Verbindung von Lehre und Forschung wurde explizit erst im
18. Jahrhundert zu einer Aufgabe der Akademien. Richtungsweisend war
hier die «Königliche Sozietät der Wissenschaften zu Göttingen», wo wir
einem neuen Typus von Akademie und Universität begegnen.

Neben den Akademien boten in immer grösserem Masse die Preis-
ausschreiben und die zunehmende wissenschaftliche Publizistik eine
wichtige Existenzgrundlage für Wissenschaftler.[8] Die «République
des Savants» wandte sich immer häufiger an ein allgemeines Leser-
publikum. Neben den gelehrten Briefwechseln und den Publikationen
für die Fachkollegen trat nun die populärwissenschaftliche Publizistik
hinzu.

Einige Zahlen aus dem deutschsprachigen Raum mögen diese Verschiebung belegen.[9] Das Latein als Gelehrtensprache trat immer mehr in den
Hintergrund. Waren auf der Buchmesse in Leipzig um 1600 noch 71% aller
Bücher in Latein erschienen, so sank der Anteil der lateinischen Bücher
bis 1700 auf 38% und bis 1800 auf 4%. Gleichzeitig stieg der Anteil der
naturwissenschaftlichen Publikationen an der gesamten Buchproduktion
konstant. Waren 1740 nur 6% aller Publikationen naturwissenschaftlichen
Themen gewidmet, so stieg ihr Anteil bis 1770 auf 16% und bis 1800 auf
21%. Neben der Buchproduktion muss vor allem auch auf das Phänomen
der Zeitschriften hingewiesen werden, die im 18. Jahrhundert ganz Europa
zu überschwemmen begannen. Das Schreiben wissenschaftlicher Bücher
und Artikel wurde zu einer nicht zu unterschätzenden Einnahmequelle für
angehende Gelehrte.


## III. Gesellschaften und Öffentlichkeit im 18. Jahrhundert

Ausserhalb der traditionellen Institutionen von Kirche und Staat bildeten sich seit dem ausgehenden 17. Jahrhundert Freiräume heraus, in denen
den Idealen einer neuen Geselligkeit nachgelebt werden konnte. In den
unzähligen Gesellschaften, die sich überall in Europa und auch in Amerika
herausbildeten, kamen bisher unbekannte Formen des Beieinanderseins
zum Tragen. Nicht mehr Stand und Geburt allein bestimmten die Hierarchie der Anwesenden; Besitz und Bildung wurden zu ebenso bestimmen-
den Faktoren der Distinktion. In diesen Sozietäten finden wir eine Präfi-
guration des bürgerlichen Staates, den Entwurf einer neuen Gesellschafts-
ordnung, die im Zeitalter der Revolutionen zum politischen Programm
werden sollte.[10]

Der französische König Ludwig XIV. besucht eine Versammlung der 1666 gegründeten Académie des Sciences. Die Instrumente und Sammlungen weisen auf die mannigfaltigen Tätigkeitsgebiete der Sozietät hin. Kupferstich nach Sébastien Le Clerc, aus: Denis Dodart, *Mémoires pour servir à l'histoire des plantes*, Paris 1676. Frontispice.

Der Basler Magistrat, Schriftsteller und Philantrop Isaak Iselin hat 1768 das Aufleben dieser neuen Geselligkeit in ganz Europa folgendermassen beschrieben[11]:

*Erst gegen dem Ende des verflossenen Jahrhunderts, und vorzüglich in dem Laufe des itzigen, fieng eine edlere und mildere Denkungsart an, sich unter dem angesehnern Theile der Einwohner unsers Erdtheiles auszubreiten.*

*Alle Künste, alle Wissenschaften erhielten durch die Erweiterung der Begierden und durch die Vermehrung der Reichthümer einen ausserordentlichen Anwachs; und die Musse, bey gesitteten Nationen eine Frucht der Emsigkeit und der Erleuchtung, wie bey Barbaren die Trägheit es von der Dummheit und von der Unwissenheit ist, erzeugte allmählich die edlere und reizvollere Annähmlichkeiten des geselligen Umganges und des häuslichen Lebens.*

*Der feinere Geschmack in den Werken der Kunst und des Witzes wurde dadurch täglich allgemeiner. Die nach dem Beyspiele der Alten verbesserte und gereinigte Schaubühne trug hiezu unendlich viel bey, wie auch die Lesung guter und schöner Schriften, welche täglich mehr ein beliebter Zeitvertrieb der Reichen und der Vornehmen wurde. Das schöne Geschlecht nahm an diesen Vortheilen vorzüglich Antheil. Der Umgang mit demselben erhielt hiedurch eine besondere Anständigkeit und solche Reize, welche ihn auch für die vernünftigsten angenehm und lehrreich macheten. Dieses milderte insonderheit die Gemüther und die Sitten der Jugend; dieses ermunterte vorzüglich die Künstler und die Schriftsteller. Dieses machete die Liebe zur Gelehrsamkeit allmählich zu einer Mode, und zu einem unterscheidenden Kennzeichen einer bessern Lebensart.*

*Allmählich entstuhnde eine neue Art von Ritterschaft, welche die Ausbreitung des Lichtes und der Gelehrsamkeit nicht wenig beförderte. Grossmüthige Fürsten und wohlgesinnte Bürger errichteten in allen Ländern, und fast in allen ansehnlichen Städten von Europa, Akademien und gelehrte Gesellschaften. Vortreffliche Stiftungen, welche zwischen den bessern Geistern aller Nationen und aller Stände eine kostbare Brüderschaft erzeugten, den Stand der Gelehrten gleichsam als durch einen bessern Adel erhuben, und den Ehrgeitz Edler und Unedler, Grosser und Kleiner anfeuerten, desselben würdig zu werden, oder zu scheinen. So munterte die Eitelkeit sowohl als die wahre Liebe des Guten und des Schönen, an unzähligen Orten die Talente und die Tugenden auf; und so entflammete die eine sowohl als die andere oft auch die trägsten Geister mit einem edeln und gemeinnützigen Feuer.*

*Wenn wir die gelehrten Gesellschaften in diesem ihrem wahren Gesichtspunkt betrachten, so müssen wir billig allen, von der parisischen Akademie der Wissenschaften an, bis auf die letzte deutsche Gesellschaft, einen grossen Werth beylegen. Und dieser Werth wird noch durch einen besondern Vortheil erhöhet, den sie dem Staate gewähren. Sie lenken den natürlichen Factionengeist der Menschen, die Begierde sich zu partheyen, auf eine unschuldige und nützliche Seite. Sie geben ehrgeitzigen und unternehmenden Seelen, welche vielleicht den Staat durch Verschwörungen erschüttert haben würden, glückliche Anlässe, Stifter gemeinnütziger und wohlthätiger Anstalten zu werden; und sie versammeln unter die Fahne der Weisheit, des Patriotismus und der Emsigkeit, Geister, welche vielleicht ohne diese günstige Zerstreuung dem verführerischen Rufe des ersten Aufwieglers gefolget hätten.*

Isaak Iselin hebt die wichtigsten Punkte dieser Geselligkeit hervor: sie umfasst eine neue, bisher unbekannte Öffentlichkeit, an der Frauen und Männer, Grosse und Kleine, Alte und Junge teilhaben können; sowohl in der Grossstadt, wie auch in kleinen Ortschaften finden wir diese Formen der Geselligkeit; allen gemeinsam ist der Wille, am Fortschritt der Menschheit mitzuarbeiten. Die Verbindung von Theorie und Praxis gehört zu den fundamentalen Anliegen der aufgeklärten Gesellschaft. Roger Picard hat als einer der ersten auf den emanzipatorischen Charakter der Salons und Sozietäten hingewiesen[12] :

*Les philosophes veulent être à la fois des penseurs et des hommes d'action. Ils visent à former les citoyens d'une société nouvelle, tout en définissant la structure de cette société et l'esprit des lois qui devront la régir. Dans le décor luxueux des salons, dans ces réunions d'hommes et de femmes de tous les états, où tout semble ne viser qu'à l'agrément et au délassement, un travail profond s'accomplit dans les esprits, des transformations sociales s'élaborent.*

Vom informellen Freundeskreis bis zur streng durchreglementierten und nach aussen abgeschirmten Freimaurerloge reichte das Spektrum von Vereinigungen, die das Leben im 18. Jahrhundert prägten. Die ersten Gesellschaften dieses neuen Typus entstanden schon im ausgehenden 17. Jahrhundert, nach 1700 verbreiten sie sich langsam in ganz Europa, und ihre Zahl wächst in der zweiten Hälfte des Jahrhunderts lawinenartig an.[13]

Die meisten Gesellschaften können den folgenden Typen zugeordnet werden[14]:

1.  Bildungsgesellschaften, besonders Lesegesellschaften. Der gemeinsame Erwerb von Büchern und Zeitschriften, sowie die gegenseitige Belehrung standen hier im Vordergrund.
2.  Gemeinnützig-ökonomische Gesellschaften. Ihr Ziel war die Verbesserung der sozialen und ökonomischen Verhältnisse der Menschheit durch die Umsetzung der neuesten wissenschaftlichen Erkenntnisse.
3.  Wissenschaftliche Gesellschaften. Diese Sozietäten knüpften an die Tradition der italienischen Akademien an und suchten Forschung, Unterhaltung und Geselligkeit miteinander zu verbinden.


### IV. Gesellschaften und Wissenschaft im 18. Jahrhundert

In allen diesen Gesellschaften spielte die Beschäftigung mit den Erkenntnissen der Naturwissenschaften eine zentrale Rolle. Einige Beispiele von verschiedenen Gesellschaftstypen mögen zeigen, wie nach und nach ein ganzes System von Institutionen entstand, die als eigentliche Katalysatoren der Wissenschaften in der Aufklärung wirkten.

In Zürich hatten sich schon im ausgehenden 17. Jahrhundert verschiedene Zirkel zusammengefunden, die sich der Förderung der Naturwissenschaften widmeten. Johann Jakob Scheuchzer (1672–1733), Stadtarzt und Magistrat, war der erste grosse Promotor des gesellschaftlichen Zusammenschlusses nach dem Vorbild italienischer Akademien. Er gilt als einer der Schöpfer der Paläontologie und als einer der ersten Erforscher der Alpenwelt nach modernen wissenschaftlichen Kriterien.[15] Im Kreise des «Kollegiums der Vertraulichen», später «Kollegium der Wohlgesinnten» genannt, entstanden Forschungsprojekte und wurden deren Resultate einer kritischen Würdigung unterzogen. Diese frühen Zirkel können als Vorläufer der 1746 gegründeten «Naturforschenden Gesellschaft» angesehen werden, die in kurzer Zeit ein internationales Ansehen erringen konnte.[16] In ihren wöchentlichen Sitzungen wechselten Vorträge, Versuche, Berichte zur Landwirtschaft und Rezensionen von Neuerscheinungen ab. Die Gesellschaft unterhielt einen botanischen Garten, eine grosse Sammlung wissenschaftlicher Instrumente und eine Bibliothek. Damit waren die Grundlagen für die wissenschaftliche Arbeit gelegt. Johann Kaspar Hirzel, auch er Stadtarzt und einer der eifrigsten Förderer der Naturforschenden Gesellschaft, hat ihre Notwendigkeit folgendermassen beschrieben[17]:

*Es ist aber noch ein Grund übrig, der die Nothwendigkeit der gesellschaftlichen Verbindung zum Wachsthum der Naturlehre unstreitig erweiset, ich meyne die grossen Unkosten, welche diese Wissenschaften erheischen, und das Vermögen einzelner Gelehrten mehrentheils weit übersteigen. Es erheischt nemlich das Wachsthum dieser Wissenschaften, vollständige Sammlungen natürlicher Cörper aus dem dryfachen Naturreiche, welche aus allen Theilen der Welt müssen gesammlet werden, es erfordert kostbare Briefwechsel, wodurch die Gelehrten in Mittheilung ihrer Beobachtungen, einander zu weitern Untersuchungen und Prüfungen ermuntern, der Werth einer zu diesem Zweck dienenden Büchersammlung wird durch kostbare Kupferstiche ungemein erhöhet, womit man der Einbildungskraft nothwendig zu Hülfe kommen muss, da eine richtige Zeichnung in einem Blick einen weit lebhaftern Begriff gibt, als die genaueste und scharfsinnigste Beschreibung unmöglich erwecken kan; überdieses wird ein kostbarer Vorrath von Maschinen erfordert, um die Natur durch Versuche zu zwingen ihre verborgensten Schätze aufzudecken, welche ohne dieses unsern Sinnen gänzlich verschlossen blieben. Daher kommt es, dass das Wachsthum der Wissenschaften, mit den darauf verwendeten Unkosten in genauem Verhältnis stehet.*

Im Zentrum des Interesses stand auch für die Naturforschende Gesellschaft die Nutzanwendung der Wissenschaften. Eine eigens gegründete «ökonomische Kommission» suchte nach Wegen zur Verbesserung der landwirtschaftlichen Produktion und beschäftigte sich mit grundsätzlichen Fragen der Volkswirtschaft, so auch mit der Frage, durch welche Massnahmen Versorgungskrisen verhindert oder wenigstens gemildert werden konnten.

Ähnliche Gesellschaften wie in Zürich finden wir damals in allen grösseren Städten Europas, aber auch in Nord- und Südamerika.

Auch die Bildungsgesellschaften beschäftigen sich mit den Wissenschaften, allerdings nicht ausschliesslich. Ein Netz von Lesegesellschaften sicherte der Publizistik einen bedeutenden Absatzmarkt, der die Herausgabe vieler Werke erst möglich machte. Gerade sehr teure Werke konnten nur über Lesegesellschaften ein breiteres Publikum erreichen, da die Anschaffung für einen Einzelnen meist unerschwinglich war. Der Erwerb der Encyclopédie oder einer ihrer Nachdrucke gehörte oft zu den zentralen Anliegen einer Lesegesellschaft.[18] Auch viele wissenschaftliche Zeitschriften fanden über Bildungsgesellschaften ihren Weg bis in kleine Orte.

Schliesslich widmeten sich die gemeinnützigen und ökonomischen Gesellschaften ganz gezielt der praktischen Umsetzung des neu gewonnenen Wissens. Im Gegensatz zu den wissenschaftlichen Gesellschaften verzichteten diese Sozietäten weitgehend auf eigene Forschungen. Mit einer deutlichen Spitze gegen die «Royal Society» in London umschrieb die 1731 gegründete «Dublin Society for the Improvement of Husbandry, Agriculture and other useful Arts» ihren Vereinszweck[19]:

*Die Mitglieder der Gesellschaft wollen das Publikum nicht mit hübschen und elaborierten Spekulationen amüsieren oder die gelehrte Welt mit neuen und sonderbaren Beobachtungen bereichern, sondern sie wollen in der einfachsten Art den Fleiss der einfachen Handwerker befördern, sie wollen das praktische und nützliche Wissen aus den Bibliotheken und Kabinetten in die Öffentlichkeit tragen, kurz, ihre einzige Absicht ist, wohltätig zu sein, ganz egal, ob sie dieses Ziel durch neue Entdeckungen oder durch die Publikation schon bekannter Erfindungen oder durch Erweiterung der bisherigen Kenntnisse oder durch Verbreitung in einem weiteren Publikum erreichen.*

Viele dieser Gesellschaften widmeten sich der Verbesserung der Landwirtschaft. Die 1761 gegründete Ökonomische Gesellschaft in Bern war weit über die Landesgrenzen hinaus für ihre Arbeiten bekannt. Mit Preisfragen, Publikationen und einer regen Korrespondenz wollte sie eine praxisbezogene Forschung fördern. Immer wieder suchte man nach neuen Wegen, auch die einfachen Bauern anzusprechen und für Neuerungen zu ermuntern. Sogar in Versen sollten die wissenschaftlichen Erkenntnisse dem Landmann nähergebracht werden. Als Beispiel ein Loblied auf die Stallfütterung[20]:

*So wird auf nahem Grund bei wohl umpflanzten Hütten*
*Der eingestallten Kuh mildvoller Klee geschnitten.*
*So wird des Landmanns Tisch mit reiner Kost erfreut,*
*Die der gesunde Saft gepresster Euter leiht.*

## V. Fazit

Im 18. Jahrhundert entstand neben der altehrwürdigen, von humanistischen Traditionen geprägten «république des savants» eine neue «république des amateurs», die in den zahlreichen Sozietäten ihren Ausdruck und ihr Betätigungsfeld fand. Wissenschaftliche Arbeit wurde nun vermehrt in ihrer Bedeutung erkannt und gefördert. Nicht nur wurde den Wissenschaften ein Freiraum ausserhalb der staatlichen und kirchlichen Bevormundung zugestanden, man erwartete jetzt auch die Nutzanwendung der Wissenschaften in allen Bereichen des gesellschaftlichen Lebens.

Dieser Hintergrund bildete den Nährboden für den Aufschwung einer professionell betriebenen Forschung und hatte, damit verbunden, eine gewaltige Aufwertung des sozialen Status des Wissenschaftlers zur Folge.

Erst im 19. Jahrhundert, mit der Erneuerung der Universitäten und der systematischen Verbindung von Lehre und Forschung, wurde eine neue Formel für die wissenschaftliche Betätigung gefunden.

Die Sozietätsbewegung des 18. Jahrhunderts hat diese Entwicklung vorbereitet und das Verhältnis von Wissenschaft und Gesellschaft wesentlich mitgeprägt.

## Anmerkungen


1 Im Hof, Ulrich: *Das gesellige Jahrhundert*. München 1982 (mit weiterführender Literatur).

2 Fueter, Eduard: *Geschichte der exakten Wissenschaften in der schweizerischen Aufklärung (1680–1780)*. Aarau/Leipzig 1941.

3 Muralt, Beat Ludwig von: *Lettre sur les François et les Anglois*. Hrsg. von Eugen Ritter, Bern 1897, S. 109 (Erstausgabe Genf 1725).

4 McPhearson, Crawford Brough: *Die politische Theorie des Besitzindividualismus. Von Hobbes bis Locke*. Frankfurt 1973 (Englische Erstausgabe: New York 1970).

5 Maylender, Michele: *Storia delle Accademie d'Italia*. 5 Bde. Bologna 1926–1930.

6 Zitiert nach Quondam, Amadeo: La scienza e l'Accademia. In: Laetitia Boehm/Ezio Raimondi (Hrsg.), *Università, Accademie e Società scientifiche in Italia e in Germania dal Cinquecento al Settecento*. Bologna 1981 (Annali dell'Istituto storico italo-germanico. Quaderno 9).

7 Hartmann, Fritz; Vierhaus, Rudolf (Hrsg.): *Der Akademiegedanke im 17. und 18. Jahrhundert*. Bremen und Wolfenbüttel 1977 (Wolfenbütteler Forschungen, Band 3).

8 Krafft, Fritz: Luoghi della ricerca naturale. In: Laetitia Boehm/Ezio Raimondi (Hrsg.), *Università, Accademie e Società scientifiche in Italia e in Germania dal Cinquecento al Settecento*. Bologna 1981 (Annali dell'Istituto storico italo–germanico. Quaderno 9).

9 Schön, Erich: *Der Verlust der Sinnlichkeit oder die Verwandlung des Lesers. Mentalitätswandel um 1800*. Stuttgart 1987 (Sprache und Geschichte, Band 12).

10 Vgl. die Literatur bei Im Hof (Anm. 1), S. 250 ff.

11 Iselin, Isaak: *Über die Geschichte der Menschheit*, Zürich 1768. Bd. II: Zwey und dreyssigstes Hauptstück: Gesellschaftlichkeit. Bessre Lebensart. Lectur. Schaubühne. Ausbreitung eines feinen Geschmackes. Gelehrte Gesellschaften.

12 Picard, Roger: *Les salons littéraires et la société française 1610–1789*. New York 1943, p. 353.

13 Systematische Zusammenstellungen fehlen für die meisten Länder. Für die Schweiz erlaubt folgende Arbeit eine quantitative Schätzung: Erne, Emil: *Die schweizerischen Sozietäten. Lexikalische Darstellung der Reformgesellschaften des 18. Jahrhunderts in der Schweiz*. Zürich 1988.

14 Vgl. Im Hof (Anm. 1).

15 Zu den Vorläufen der Naturforschenden Gesellschaft vgl. Erne (siehe Anm. 13), S. 75 ff.

16 Rudio, Ferdinand: *Die Naturforschende Gesellschaft 1746–1896*. Festschrift der Naturforschenden Gesellschaft in Zürich 1746–1896, 1. Teil, Zürich 1896.

17 Hirzel, Johann Caspar: Von dem Einfluss der gesellschaftlichen Verbindungen auf die Beförderung der Vortheile, welche die Naturlehre dem menschlichen Geschlecht anbie-

tet und dem Nutzen, den unser Vaterland von der Naturforschenden Gesellschaft erwarten kan. In: *Abhandlungen der Naturforschenden Gesellschaft in Zürich*, Bd. 1, 1761.
18  Darnton, Robert: *The Business of Enlightenment. A Publishing History of the Encyclopédie 1775–1800.* Cambridge (Mass.) 1979.
19  Zitiert bei: Im Hof (Anm. 1), S. 137f.
20  Guggisberg, Kurt/Wahlen, Hermann: *Kundige Aussaat – Köstliche Frucht. Zweihundert Jahre Ökonomische und Gemeinnützige Gesellschaft des Kantons Bern.* Bern 1959, S. 17.

# The Industrial Revolution and the Growth of Science

*Peter Mathias*

## 1. The Context of the Debate

This lecture needs to be prefaced by the statement that I am an economic historian, not a historian of science. Apart from recognizing that this makes me a mere lion in a den of Daniels – particularly in this company – it is an admission of critical relevance for this text. In common, I suspect with most scholars, I tend to view outwards from my own discipline. Our point of departure is the core of our own interests, and we document relationships – particularly inward influences – impacting upon our own scene, which we profess to understand, rather than following up the outgoing influences from our own area of concern, as they radiate outwards to impact elsewhere, in distant lands where we are strangers. Such a built-in linearity of direction is always inadequate; and itself encourages misleading assumptions. To do justice to inter-relationships of this kind one needs to straddle all the disciplines (and master all the bibliographies) within which influences are mutually reactive: to see relationships within a single, all embracing field of analysis. To fully respond to the invitation to explore the influences of technological change upon science – rather than the influences of science upon technical change, which is more studied by economic historians – one needs to be also a historian of science; which I am not. As a general proposition, that well-worn, rather throw-away remark of L. J. Henderson, that ‹science owed more to the steam-engine than the steam-engine to science› has, in fact, been little researched in relation to the general analysis of the impact of the Industrial Revolution (or the advance of technology in the early phases of industrialisation in the century 1750–1850) upon the growth of science.

I argued long ago that the debate about the reverse process – the effects of the growth of scientific knowledge upon technical change in the Industrial Revolution – had been suffused with arbitrary assumptions. Some commentators, historians of science as well as historians of technology, and economic historians, had argued that there were no links at all; that science and technology advanced under their own, separate stimuli, save for the occasional random collision as of ships charting their own courses in a fog. Others assumed quite the reverse; that the Scientific Revolution was the greatest gift to the Industrial Revolution in that the advance of scientific knowledge provided the basis for critical advances in technology.[1]

The latter thesis was often held on the assumptions that the connection was positive, linear, direct and a one-way street: from the transfer of scientific knowledge towards technology. This was usually backed up by a list of piece-meal instances – without statistical significance – where innovation appeared to have an association with science or those known in their own generation as scientists. These assumptions were simplistic, either individually or in combination: statistically a list of this nature did not seek to test what proportion of a given population of innovation had links with science (however difficult it might be to produce a ‹population› of innovations which was itself adequately representative of the total process of technical change at the time). Limiting assumptions about the nature of the links then denied reality about the complexities of the interconnections and mutual influences; and because the nature of causality in the associations was unspecified invited challenge under the old query of whether *post hoc* was also *propter hoc.* Economic historians might see as many potential complications about specifying (i. e. essentially limiting) a concept such as ‹innovation› or ‹technical change› in this debate as  historians of science might devise about the concept of ‹science› or ‹scientific›.

During the last 20 years the ground of the debate has been significantly changed. Absolute generalisations and assertions – on both sides – have been abandoned. Great differences have been revealed in these relationships in different industries and sectors of the economy. Greater subtlety has been proposed about the nature of the relationships concerned. The great enthusiasm for science, with the widespread spontaneous institutionalising of local societies across the land where science was a central activity, is seen to have had great significance in the development of new cultural and intellectual norms. Scientific activity embodied and symbolised the quest for progress, via utility and ‹improvement› (a protean eighteenth-century motivation) through the progressive understanding of the natural world and man's command over nature. Science was seen as a culturally accrediting activity, particularly in leading provincial urban centres, expanding on the enhanced momentum of industry, commerce, finance and associated professional activities, such as Birmingham and Manchester.[2]

Progressive manufacturers, doctors, lawyers and other professional élites, with mere ‹gentlemen› (i. e. persons of independent means and available leisure) formed new élites with a new common ethos, distinct from traditional élites although with some links to the rural gentry and larger landowners, particularly through aspirations for agricultural improvement, which invoked similar responses. The social history of science – or the exploration of science in its social context – revealed the dimension of a ‹common community of discourse› – an intellectual matrix as well as a matrix of social intercourse – which had certain coherences in motivations, objectives and goals, of which certain intellectual attitudes were characteristic; for example, a reliance on a ‹rational› approach to problem-solving by way of the experimental method: systematic observation, collection of data, drawing conclusions from construing the evidence thus mobilised. Scientific method, in these general intellectual terms, I have argued, was more pervasive and probably more influential in the result than direct applications of formal scientific knowledge – clearly an untestable hypothesis.

It would be easy to devote the rest of this text to sketching the mirror-image of this debate about the influences of science upon innovation in the reverse direction. At one pole stand the allies of the ‹no connection› thesis, maintaining that science advanced autonomously, following its own imperative, in a search for unfolding truth; or in response to hypotheses and theorising which were internal to science's own intellectual discourse. There is then the inverse to the direct causal hypothesis, of a crudely Marxist model in some cases, whereby advances in science formed part of the ideological superstructure responding to the demands of the bourgeoisie, as consciousness was ultimately determined by the relations of production. In this scenario scientists formed the captive research department of industrial capitalism.

But the new dimensions of the enquiry which focusses upon technical change and innovation can also offer new perspectives in the debate as far as the growth of science is concerned. The subject is too vast, and I am too ignorant, to attempt any general survey of the field, particularly in a single lecture. Instead, I shall take three areas, which offer contrasting experiences, and make a brief sketch of relationships, as I see them, in each: geology, chemistry, and medicine. As a preface, however, it may be helpful to single out distinct attributes of science, which will provide criteria and guidelines in the discussion.

I shall take – arbitrarily – three or four characterising traits of scientific activity when considering what linkages there may have been between the empirical world of industry, mining, doctoring and the like, with technological change and innovation integral with this (mainly, in the UK, within a market context where profitability was a condition of existence) and the growth of science. Also arbitrarily I cannot much explore the relationships between these categories (thereby side-stepping much of the substance of debates which activate the historiography of science). The criteria for distinguishing these categories are as follows:

(i)   Scientific theorising about basic conceptual issues, the advancing of hypotheses concerning such abstract issues, the framing of basic theories, the search for general explanatory models (such scientists as Lavoisier, Dalton, Carnot achieved fame, and are in the pantheon of science for this reason). I will call this, for convenience, «high science» (others might prefer «hard» science).

(ii)   The exploration of the natural world and its phenomena; the properties of matter, the acquisition of systematic and – by intention and procedure in the search for confirmation – *certain* knowledge in this quest. I shall call this, again just for convenience, «low science» (or «soft» science).

(iii)   Scientific methods and procedures in pursuit of these aims.

(iv)   The development of what I will call a «common community» in science; or a «culture of science».

The question of ‹What is science› which so complicates these historical debates, is still with us and I realise, in particular, that scheduling four such criteria in a sequence that can suggest that each is an independent phenomenon does great violation to the critical issue of the many interdependencies between them. However, as a sorting device for the categorisation demanded by a general survey, I trust that its utility will outweigh the liabilities.


## 2. Geology

A case history of great significance in the relationships between science and industry in this period is geology.[3] *A priori* it would be supposed that extensive common ground – and mutual incentives – existed between the mining industry and scientists to promote the study of geology. It was, in practice, an example of ‹low science› although concerned with philosophical and religious issues of wide import concerning the age and origin of the earth. Such higher issues and the theorising which accompanied them, however, depended in practical terms on the advance of knowledge in an empirical vein: discovering more about the nature of rocks and the stratigraphy of the various formations. And here lay the common ground with mining interests, whether those of non-ferrous mining, particularly in

Cornwall, or in the coal-mining districts which were widespread throughout Britain. Mining was a principal source of wealth in such regions and the ‹mining interest› widely diversified – embracing the landed proprietors (who owned the minerals beneath their estates), the mining companies and firms, engineers, surveyors, the miners themselves, processors of ore, transport interests, shippers of ore and investors. The mining interests also stood to gain from increased knowledge of the coal measures in relation to other strata and rock formations. Such knowledge would be a primary means of reducing risk; particularly risks involved in the enormous overhead costs of sinking deep mines, where so much expenditure had to be incurred in advance of striking coal measures. The same was true for knowledge about the changes of direction of coal seams, veins of ore and geological faults. Deep mining, where these risks were at their maximum, characterised particularly Cornwall, for tin and copper, and the coal mining areas of Northumberland and Durham. Coal was a rapidly expanding industry, larger in the U. K. than in the rest of Europe (if not the world) put together, with an output of 5.2 m. tons[4] in 1750, 15 m. tons in 1800, and over 30 m. tons in 1830 – phenomenal quantities for this period. Expansion, particularly in established mining regions, drove pits deeper, with consequential higher costs, higher risks and a higher premium in geological knowledge.

The century 1750–1850 was also that of great interest, and great progress, in geology, with the basic systematic knowledge of rock formations and strata becoming known. Moreover, the growth of geological knowledge was being institutionalised in a context which showed much common membership between the scientists and those primarily concerned with mining interests. In this, geological science was a particular case of a wider nexus for scientists and industrialists in chemistry, agriculture, medicine and other fields of knowledge. Geology formed one facet of the interests of general ‹scientific societies› and featured in their debates, proceedings and transactions (if in varying degrees). This is true of The Royal Society of London and several other metropolitan groupings such as the ‹Chapter Coffee House Society›, the Askesian Society, the Society for Philosophical Experiments and Conversations, the London Philosophical Society (1794), the Royal Institution, the Royal Society of Arts and many others. These were mirrored in the provinces by other general scientific societies, which paid some attention to geology: the Lunar Society of Birmingham, the Manchester Literary and Philosophical Society, and others in the mining regions such as Leeds (1818), Wakefield, Sheffield and Bradford. More specialised geological societies followed: the British Mineralogical Society (in London from 1795–1806), the Geological Society of London (1807), the Royal Geological Society of Cornwall (1814), the Natural History Society of Northumberland, Durham and Newcastle-On-Tyne (1829) – specialising in geology – the Geological and Polytechnic Society of the West Riding of Yorkshire (1837), and specialist geological societies in Edinburgh and Dublin. In the beginnings of such concern with geology the first steps towards professionalisation were often taken by surveyors concerned with various branches of mining. In short, there was no lack of an institutional nexus for the connection between the advance of geological science and the mining industry; and in the provincial societies, in particular, membership embraced the luminaries of both parties.

The results of the connection, nevertheless, appear starkly negative to the most recent investigations by such as Roy Porter and Jack Morrell, as historians of geology, and Michael Flinn, as the principal historian of the coal industry in this period[5], being summed up in the conclusion. «British mining contributed little to the creation of the science of geology and . . . geology aided mining even less.» This was so, on the whole, even in the case of the Geological and Polytechnic Society of the West Riding of Yorkshire, which had been founded by coal-mine and iron-works owners and managers, and the Natural History Society of Northumberland, Durham and Newcastle-on-Tyne, where the great mining engineer and agent, John Buddle, had been the prime mover. John Phillips, who wrote on coal measures, was Keeper of the Museum of the Yorkshire Philosophical Society in 1826, but did not keep this as central to his interests. John Taylor, doyen of Cornish mining, was Treasurer of the Geological Society of London in 1823–43, but was unrepresentative of its activities.

The objectives of some of the more specialised societies were such as to have greatly benefited the advance of geology, had they been sustained. The British Mineralogical Society intended to survey systematically all the nation's mineral reserves; an aim taken over by the Royal Institution, which added a proposal for a national collection of mineralogy – not, the Society was reminded by W. Phillips in 1816, with the purpose of «just [the] collecting of rare specimens but [as] an essential prerequisite for scientific geology». The Royal Geological Society of Cornwall intended to complete a geological map of the region, establish a mining office and a school of mines. Comparable intentions were announced by the Natural History Society of Northumberland, Durham and Newcastle-on-Tyne, when launched under Buddle's auspices in 1829 – to map the whole of the Northumberland, Durham and Cumberland coal measures; to establish a depot for the records of defunct mines (which would be open for public inspection); while the Geological and Polytechnic Society of the West Riding of Yorkshire (1837) had wider aims still: apart from a map of the coal measures, and a museum of specimens, the ‹polytechnic› dimension was to include commit-

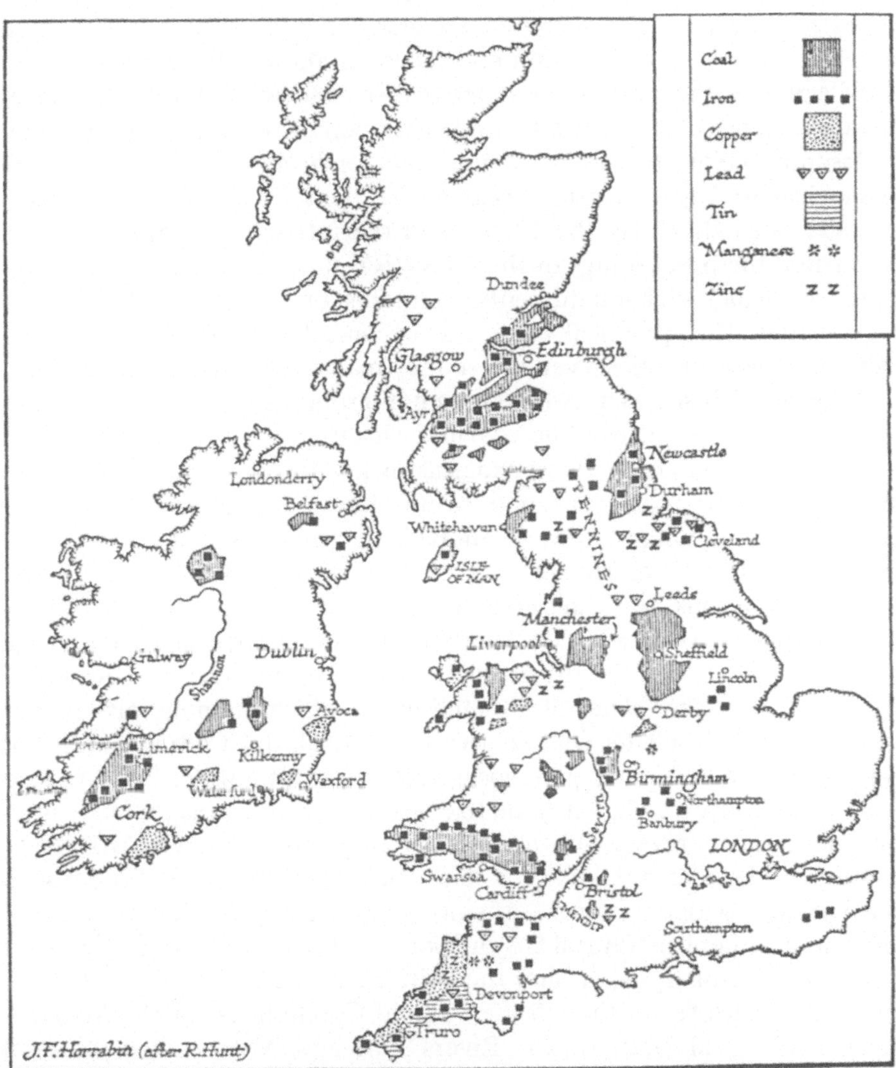


Mineral Map of the United Kingdom (1851). This map shows how widespread coal deposits were in Britain. Coal was also closely associated with iron ores to the great advantage of the smelting industries, but copper and tin ores were remote from coal in Cornwall, in the south-western tip of England. After: *Official Catalogue of the Great Exhibition, 1851*, Vol. 1, fig. facing p. 156. London 1851.

ments to industries and technologies associated with mining. All these larger ventures lost momentum and failed, in almost all instances. When Buddle pressed the initiative upon the British Association for the Advancement of Science, it was not taken up effectively. Most of the Literary and Philosophical Societies relapsed into genteel *belles-lettres* activities; the Geological Society of London became a gentleman's club (even if a ‹meritocratic oligarchy›). By the 1850s even the interest in coal, which had dominated the proceedings of the GPSWRY since its formation, had collapsed. Coal had not been the centre of interest of any other of the geological societies. The ‹practical men› had become largely silent and marginalised in these societies, even where they maintained their membership.

Why was this so? Why, where common ground and common interests seemed to be so extensive; where so many institutional initiatives had been launched, and so much activity undertaken, had this divorce between mining interests and geology become so absolute – at least for the grander projects? Most geologists, despite individual exceptions such as John Phillips as a young man, as scientists were interested in rock formations other than carboniferous strata, in pursuit of their own objectives. On the side of the mining interests much is explained by the competitive context. Mineral resources (other than the precious metals) in Britain were not owned by the state but by the owner of the land under which the minerals lay. The owners, and their agents, wanted secrecy, particularly at a local level, and had no interest in funding geological exploration on a wider basis. Indeed their prime concern, when it came to exact information, was that industrial espionage might reveal information about seams which was private to themselves. Buddle was almost a lone voice from the mining interest in arguing for a wider vision: he was not supported by his fellow ‹mineral interest› in either the Natural History Society of Northumberland, Durham and Newcastle-on-Tyne, or later the British Association for the Advancement of Science (even though the ‹United Committees for the Management of the Coal Trade on the Rivers Tyne and Wear› joined the local societies and the Mayor and Corporation in inviting the BAAS to Newcastle for its meeting in 1838).[6] Regional associations of mine owners followed the same line.

The point was a wider one than mere secrecy. The State, apart from not being directly concerned with mineral assets, was unwilling to put massive resources into any of the projects which might, directly or indirectly, have become instrumental in promoting the science of geology. The Geological Survey (1835) and the Mining Records Office (1840) were modest initiatives, with regional surveys of coal-bearing strata lagging behind others. In truth, coal was so abundant in Britain, that documenting its existence as a national asset or taking public initiatives to discover more reserves were never posed as a serious matter for public policy before the 1860s, when debate on the issue began.[7]

Initiatives for a great mining school, or a national geological museum with systematic collections, employing research staff, or a wider ‹poly-technic› institution conceived as a research and teaching establishment on a par with universities (and degree awarding) could not have come without major public resources and hence the political will, which was never present in the first half of the century. No ‹constituency› concerned with national efficiency pressed this effectively on Parliament, even though publicists such as Lyon Playfair created a debate in the mid-century, and no political lobby for such great institutions came from the mining industry.

The professional cadres of the British mining industry, in its different branches, were empirically trained for the most part, unprofessional, disconnected from formal national institutions of higher education (at least in their own country – a few of them, like the chemists, had been to continental institutions). In no sense were professional and scientific demands, or even levels of expectation, created within the British mining industry which would have led to the creation and support of scientific universities or *Technische Hochschulen* and polytechnics, where research would have promoted the science of geology, or chemistry.


## 3. Chemistry

Even for those historians most sceptical of there being any positive causal connection between scientific theorising and technology during the Industrial Revolution, an exception is commonly made in the case of chemistry and the chemical industry. Having asserted that the «beginnings of modern technology in the . . . Industrial Revolution owed virtually nothing to science and everything to the fruition of the tradition of craft invention», A. R. and M. B. Hall continue that «the chemical industries from the last years of the eighteenth century fall into a different category, for in them scientific knowledge was prominent».[8] There are grounds for arguing that the advance of chemistry as a science also gained from the connection.

The primary reason for such a claim is concerned with chemistry as a «low science» – with advances coming from the discovery of new products in nature and the manipulation of substances in new ways, with the production of new chemicals by their interaction and processing, the identification of the properties of chemicals, through a search for increasing standards of purity, the discovery of new products in a search for ways to substitute existing materials. This sequence usually moved from the vegetable to the mineral or the synthetic. In this diverse process by which knowledge in chemistry was extended, chemical manufacturers played a leading part. Indeed, in this respect, scientists-as-chemists and industrialists-as-chemists belonged to the same world, forming a common community.

Chemical knowledge was a main interest in the Lunar Society, the Manchester Literary and Philosophical Society and the many other private institutions along these lines which sprang up spontaneously in most leading towns and many smaller urban centres, with science as a main focus of interest. In manufacturing districts, chemists met industrialists regularly through this amateur institutional nexus. For example, Joseph Priestley, Jonathan Stokes, James Watt, William Witherington, as chemists, were members of the Lunar Society, with Josiah Wedgwood and James Keir, industrialists concerned with chemicals. Manchester, Glasgow and Edinburgh produced equivalent communities of interest.[9] The same was true of such societies which had agriculture as a focus of interest where ‹scientific› methods and chemistry were potentially relevant to the interests of landowners and professional men, as well as industrialists.

In this regard what are we to make of Bryan Higgins whose commitments in chemistry, in his own person, spanned the whole spectrum from abstract fundamental theorising (if perverse when judged by criteria other than his own) to success as a ‹practical› chemist.[10] He had graduated as a physician at Leyden before settling in London to pursue chemistry at all levels. He considered his status rested principally upon his contributions to theory (where he accused both Priestley and Dalton of plagiarism over their work on gases and atomic weights).[11] He established a discussion group in 1775 for ‹improving natural knowledge› (funded by subscribers), formalising this as a ‹Society for Philosophical Experiment and Conversation› in 1794. He styled himself ‹Professor› in relation to this activity and distinguished his lecture courses in «philosophical [i. e. theoretical] pharmaceutical and technical chemistry» from other courses in «vulgar [i. e. practical] analytical chemistry». He was at the centre of a lively circle of those interested in chemistry, both those resident in London and visitors from the provinces, with luminaries from The Royal Society and the Lunar Society prominent among them. Josiah Wedgwood gave him earthenware vessels for experimental work (as he did to Priestley and Lavoisier). In all these ways Higgins certainly considered himself a theoretical chemist of high status.

These activities as author, lecturer and impressario were profitable in themselves but Higgin's main income seems to have been derived from more practical aspects of chemistry. He ran a large private laboratory making and selling pharmaceuticals and other substances on a commercial scale, to doctors, apothecaries, retail chemists and the like. Amongst other commissions, he made red lead for Priestley's experiments in oxygen. The laboratory was also the basis for a busy consulting business of a practical kind, which included much experimentation, and some patenting, concerning cement, glass, alkalis (soda and potash), sugar, rum and mineral water. Always there was active interplay between his theoretical work on the structure of matter or chemical reactions and the practical applications which might result from his observations. However mistaken in retrospect (and, indeed at the time) Higgins' theoretical speculations were seen to be, this did not detract from the utilitarian results which were obtained in conjunction with theory and in pursuit of theory. Although one can conclude, with hindsight, that in this case advance in the practical world gained more than theory, such a judgment *ex post facto* does less than justice *ex ante* where the motivations of the scientist had the advance in theoretical knowledge into the nature of matter at least as high in his priorities as the pursuit of gain through the application of such knowledge. Here, as elsewhere, the dynamics of the relationship between theory and practice are more complex than might be supposed.

Perhaps more to the point were the direct connections between manufacturers and chemists in the course of their businesses; and it was not uncommon for those trained in chemistry to become chemical manufacturers themselves. They were joint allies in the search for new substances and new transformations. Platinum and phosphorus were discovered and developed in such a context – the isolation, identification, and production of pure samples of platinum, in particular, being pursued in eager anticipation of its use in jewellery, for mirrors and eventually other specialised uses, such as vessels for rectifying sulphuric acid. In such a context chemists became industrialists on the basis of their work as chemists, so chemistry and industry gained alike from their endeavours.

Manufacturers were eager to gain chemical knowledge for their own purposes, where their interests lay in using chemicals for their own industries rather than manufacturing them. N. McKendrick has explored Josiah Wedgwood's role in this respect with great perception.[12] He employed a chemist, Peter Woulfe, and conducted many chemical experiments, duly written up in his Commonplace Book. He had thorough familiarity with scientific literature (searching the pages of the *Philosophical Transactions*); and was eager to be in touch with chemists such as Priestley, Lavoisier and Seguin. This was in passionate pursuit of discovering the attributes of such substances as cobalt, zinc, arsenic and antimony, seeking to refine them to higher standards of purity in the search for more brilliance in enamels and different glazes in pottery. Great effort went into the chemical analysis of clays and ‹spars› for the body of ceramics. Transformation of such materials by heat was, naturally, of consuming interest for a potter, in the same way as the effect of heat and boiling on dye-stuffs and mordants was for the textile manufacturer. The pursuit of new chemical knowledge came from the strict observance of scientific method: experiment, repetition, testing, exact recording of results, quantification, measurement and the development of the technical means for achieving this. Wedgwood's invention of an improved ‹pyrometer› – a high-temperature, industrial thermometer – as a pre-condition for such experiments then became a gift from the world of industry, pursuing profits, to the world of science, pursuing truth, as both Priestley and Lavoisier sought pyrometers from Wedgwood for their own experiments. Wedgwood provided Priestley and Lavoisier with ceramic vessels for their laboratories. It was a similar story with hydrometers and ‹saccharometers› – initially developed by excise men, brewers and distillers. The excise required a technical means of gauging strength in fermented and distilled liquors (duty rates were calculable upon such measurements and much fraud depended on making false returns about alcoholic content); while brewers and distillers required hydrometers (and thermometers) to regulate their production processes in different ways. These instruments, again, developed in an industrial/commercial context then found their role in «purely» scientific laboratories.

Undoubtedly Wedgwood's scientific work in chemistry enlarged the knowledge in his generation, and was a means of stimulating the expansion of knowledge in chemistry outside the commercial context. The experimental method was at the heart of his activities as a chemist, and in this he was part of the same world of the advance of scientific knowledge in chemistry more generally. Certainly this was far from ‹uneducated empiricism› or the instinctive trial and error of the untutored artisan. Even though these endeavours were not drawing upon general theories, anywhere near the Daltonian level of ‹atomic weights›, this was, as Dr McKendrick demonstrates, «informed empiricism, logically conducted and remorselessly pursued».[13] The quest was to expand the knowledge base by experiment: to discover, to know, to observe, to record, to quantify all systematically and to cost. An appropriate analogue would be the growth of knowledge in botany during the eighteenth century by a similar process of advancing the knowledge base, by observing, recording and classifying: taxonomy was at the heart of this, and central to much of the growth of chemistry. To the extent that this was the case, chemistry as a science gained much from the activities of manufacturers, particularly those in the chemical industry, because the knowledge base was being widened significantly by their efforts.

The point is best illustrated from the emergence of the chemical industry itself. Some of the most prominent manufacturers of sulphuric acid and a succession of new products for bleaching cloth, had studied chemistry at Glasgow and Edinburgh universities and maintained close links with ‹academic› chemistry at these Scottish universities. Some had also been trained as doctors there, and at Leyden University, the latter course also being much concerned with ‹materia medica›. Francis Home, Professor of Materia Medica at Edinburgh University, himself published an important book on the *Art of Bleaching* (1756) which advertised his discovery that sulphuric acid could be used as a bleaching agent for linen – bleaching being an important Scottish industrial activity for the linen and cotton industries (expanding rapidly at this time) depending currently on local materials such as kelp as sources of alkali. Dr John Roebuck, James Keir, Charles Macintosh and Josiah Gamble were amongst these principal early industrialists in the chemical industry trained as chemists and physicians.

Dyestuffs and the demands of the bleaching industry – both encountering progressive difficulties with supplies of their traditional ‹vegetable› materials (sour milk, urine, sources of potash in ‹barilla›, wood ashes, kelp etc.) with the enormous sustained expansion of the textile industries (particularly cotton) – were the key to the search for new materials and processes. The need lay in finding ‹synthetic› substitutes without constraints on supply in circumstances of rapidly increasing demand and with better technical qualities (e.g. more rapid processes in bleaching; new colours, more intense and ‹faster› colours in dyestuffs and better mordants).

For dyestuffs and mordants, new products, produced from new raw materials by new processes, included alum (from aluminium shale in Scotland), aluminium sulphate, potassium chloride, iron sulphate, potassium prussiate (ferrocyanide), and sal ammoniac (from soot). Naptha was being produced from 1819 as a coal distillate, long before the first aniline dyes; and the first recorded synthesis of graphite (1826) was produced in experiments for a new process of steel-making. The scale of demand for new bleaching materials was many times greater than for dyestuffs and mordants. Here, the sequence began with sulphuric acid (oil of vitriol, ‹acqua fortis›) with glauber salts and ‹spirits of salt› and continued to chlorine (from sulphuric acid), sulphur, nitre, copper sulphate and ferrous sulphate (from roasted pyrites), sodium sulphate to hydrochloric and nitric acid. The great prize was obtained with success in the large-scale synthesis of soda from common salt via sulphuric acid as a substitute for the various vegetable products which had contained potash. With the conversion of sodium chloride (NaCL) into soda (sodium carbonate: $Na_2CO_3$) and a safe bleaching powder in «dry chloride of lime» (absorbing chlorine in dry lime was the first gas-solid reaction commercially exploited) the heavy chemical industry was born. The search was well in progress before Leblanc's discoveries, which were made in response to urgent commercial needs. Similarly Justus von Liebig sought help from James Muspratt, the alkali manufacturer who had taken up Leblanc's patent, when seeking to realise new chemical discoveries for a «mineral manure».[14] ‹Superphosphates› (phosphate of lime produced by the action of sulphuric acid on animal bones) were discovered in the next generation by Liebig's pupils, J. H. Gilbert and J. B. Lawes, in response to rising demand from agriculturalists.

These connections did not advance ‹high theory› very much, in all probability, while some of the new substances and reactions had been first born in a laboratory rather than in an industrial context. But the interactions were continuous, there was indeed a ‹common culture› and a ‹common community› between scientist-chemists and chemist-industrialists within which the modern chemical industry came into being. On grounds both of the growth of knowledge, the progressive expansion and mapping of the world of chemical substances and their reactions, and of scientific method, it can be claimed that science was advanced through its matrix with the world of industry. All this took place in generations before a new era of linkages dawned between science and industry, with research laboratories in Germany providing a new institutional matrix in the fine chemical industry, electrical engineering and other fields, which lie beyond the scope of this investigation. It is salutary to note of this earlier age, in D. F. W. Hardie's words:

«Industrial chemistry took its place in the Industrial Revolution before phlogiston and caloric were discredited or the modern notion of atomic matter was more than speculatively considered . . . The theories of Sadi Carnot, and the foundation upon them of the science of thermodynamics by Clapeyron, Clausius and Lord Kelvin left contemporary industrial practice substantially unchanged. Research, in any modern sense, played no significant part in the chemical industry of this country (U. K.) and America until the nineteenth century was far spent.»[15]

Justus von Liebig's Laboratory (ca. 1842). This is a contemporary water-colour of Liebig's famous organic chemical laboratory in Giessen. The simplicity of the apparatus is apparent, together with the non-sterile environment. Drawing by Wilhelm Trautschold, 1842. From: Hans Kraemer, *Das XIX. Jahrhundert in Wort und Bild,* Vol. 2, fig. facing p. 160. Berlin 1900.

## 4. Medicine

I have chosen medicine for a third brief scenario because it was (and remains) a field of science and research with special relationships with its context and its market. Of all the bodies of science distinguishable as areas of expertise, medicine is that most orientated to demand, to utility of outcome, as its practitioners sought to respond to clients willing to pay for cure, or the postponement of death, the hope of relief or the offer of reassurance, and endure extraordinary suffering in the process. Military and naval doctors were spurred by the imperative of enhancing the fighting potential of fleets and armies; hospital and public health doctors in coping with the horrors of infectious disease and the terrible problems of the urban environment. All, in their different ways, were responding directly to demand; and knowledge in medicine progressed in a dialectic with perceived need. Intrinsic curiosity about the biological world was also present in good measure, as the *Philosophical Transactions* of The Royal Society, for example, make clear from the inception, but, in comparison with other areas of scientific activity, I believe the point stands.

Advances in medicine until well into the nineteenth century came despite, rather than because of, advances in theory or the basic knowledge of disease: germs, bacilli, viruses and vectors remained unknown.[16] Intellectual credibility still rested upon classical or medieval authorities, and cures were still a witches brew of vomiting agents, bleeding, blistering and purging. The leading physicians well recognised the situation. They spoke of cures being effected in spite of, rather than by virtue of, medicine and the irony of doctors claiming congratulations «on a great cure where there may have only been a happy escape».[17]

They discounted past theory and the classical medical authorities, putting their trust almost exclusively into the experimental method. Sydenham, long before, had spoken of the physician's «only true teacher – experience», but this was the systematic empiricism of eighteenth-century «low science» carried forward in a context where high theory remained a false guide. This was also the case with theory associated with new forms of so-called therapy: pneumatic medicine; electrical treatment, hydrotherapy, phrenology *et al.* Francis Bacon was the great exemplar. Knowledge would come, argued Blane and others, from «the employment of inductive reasoning». Medicine advanced «by observation and experiment». «By the former, we may be said to listen to nature, by the latter to interrogate her», asserted Blane. Systematic observation, recording data, correlating the incidence of disease with its context, with diet, with the administration of different prophylactics under controlled experiments produced great advances in preventive medicine and some spectacular specific remedies. J. Peter Frank was the great continental advocate of such methods; but he had many followers in all Western Europe countries.[18] The final – if protracted – conquest of scurvy in the eighteenth century had yielded to such methods (with ferocious experiments by Lind made possible only in the authoritarian context of a naval ship); innoculation and vaccination against smallpox, and the discovery of the vector of cholera in the 1840s. Prevention methods had curbed the incidence of plague, typhus and typhoid, but the carriers of typhus and typhoid were only identified in 1861; the cholera bacillus in 1883 and that of plague in 1894.

In the face of all this it might well be argued that medicine was not a science and therefore should not be considered in this context. However, I would argue that it is only an extreme case of the prevalent incidence of «low science» – as knowledge grew under such stimuli. Moreover, the medical case-history is also characteristic of the motivational structure which lay behind this systematic empiricism and the experimental method in the eighteenth century. Ignorance of the basic causes of disease, together with an inadequate theoretical framework for knowledge remained profound constraints upon the advance of medicine. But the activity was purposeful, focussed, utilitarian: it was a philosophy of ‹activism›. The assumptions were that the secrets of nature *would* be progressively revealed by such endeavours, and control over nature progressively enhanced. It was a formula for progress, for «improvement» in contemporary terminology. This was a motivational structure far different from that where ignorance of basic knowledge was linked with a belief that disease was mysterious, assumed to be the hand of God striking the dissolute. The urgency of diagnosis and cure was lessened, under such assumptions, particularly where the dissolute in question happened to be the poorer masses.

It may be worth a brief glance forward to see how this eighteenth-century world in medicine was joined by a new world of science, as was also happening in chemistry, and from a similar provenance of German universities, state and industrial research laboratories. What began with the distillation of coal and the production of aniline dyes – the first main breakthrough from the context of academic research in chemistry – soon spread to medicine. Hoechst, established in 1863, as a company specialising in dyestuffs, maintained close contact with academic scientists in Germany, and had inaugurated their own research laboratory in 1883. Its main purpose was to develop new products, particularly new colours, but also to exploit «spin-offs» in intermediate products with other uses. The laboratory was also used for routine quality testing of products, but research (unlike the presence of a handful of chemists in British industry) was its main concern.[19]

Opportunity quickly beckoned towards the potentially huge medical market for new products. A full-time pharmacologist, F. Stolz, was employed in the research laboratory, to develop bacteriologically-based medicines: a diphteria anti-toxin in 1890, new alkaloids which were fever-reducing, such as ‹Pyramidon›, a synthetic quinine, and an anti-tuberculosis agent also in 1890 (Tuberkulin) which was aimed at another huge market. Patenting such new products was an essential component of industrial strategy.

The flow of new products came from a quite new institutional structure, as well as new, more basic chemical and biological knowledge. Major public and private investment in institutes of higher education was a pre-condition, and the acceptance of major overhead research costs (i. e. laboratories) by industrial firms. By 1895 three such major pharmaceutical companies had emerged (Hoechst, Merck and Schering). The institutional linkages were wider than the close nexus between industrial and academic scientists. Independent testing and control for purity and absence of toxicity of the new medical products was required, through a government laboratory. Close links were also needed with hospitals and physicians for clinical trials. Indeed a prestigious *Royal Institute for Experimental Therapy*[20] was jointly funded at Frankfurt, in close proximity to the University and the main hospital, with Hoechst close by.

Clearly this is a new world which foreshadowed the sequences following from the development of antibiotics in the 1940s, and molecular biological knowledge from the 1950s. It is far distant from the world explored in this paper, but the search for new medical products, derived from new knowledge, still follows a market imperative.


## 5. Conclusion

The growth of science, even the definition of science, has often been regarded as the growth of fundamental scientific theory, the evolution of basic concepts with experiment in the service of such theory – ‹high science› as I dubbed it for convenience in this text. There are other criteria for ‹scientific activity› and the growth of science, particularly in the period I have been seeking to explore here; and they may be argued to have gained more specifically from the empirical world of industrial growth, technical change and innovation. One should not conclude without emphasising that this was not a uniform, homogenous scene; nor were interrelationships simple or direct or linear, least of all the causal connections. Transfers, often of an unexpected kind, appeared between fields of knowledge, between ‹academic› and ‹commercial› knowledge, with the application of knowledge growing from one context to that of a quite different one; with transfers of instrumentation – the engineering dimension of such relationships – from fields which first demanded it to others, unanticipated, which could take it up with advantage once extant, and provide a new momentum for further development. This lecture might have said much more about the relations between instrumentation and intermediation between science and industry. Clearly economic historians and historians still have much to discover, and even more to discuss.

## Notes

1  See the survey article: P. Mathias, ‹Who unbound Prometheus?› (first published in 1969), reprinted in A. E. Musson (ed.), *Science, Technology and Economic Growth in the Eighteenth Century* (London, 1972) with other articles and bibliography cited therein. See also P. Mathias, *The Transformation of England* (London, 1979), Ch. IV; A. R. Hall, ‹What did the Industrial Revolution in Britain owe to science?› in N. McKendrick (ed.), *Historical Perspectives: Studies in English Thought and Society in Honour of J. H. Plumb* (Cambridge, 1973); N. McKendrick, ‹The Role of Science in the Industrial Revolution: a Study of Josiah Wedgwood as a Scientist and Industrial Chemist› in M. Teich and R. Young (eds.), *Changing Perspectives in the History of Science* (London, 1973).

2  See, for example, A. Thackray, ‹Natural Knowledge in Cultural Context: the Manchester Model›, *American Historical Review* LXXIX (1974); J. Morrell and A. Thackray, *Gentlemen of Science: Early Years of the British Association for the Advancement of Science* (Oxford, 1981); S. Shapin, *The Social Use of Nature* (Edinburgh, 1982/3).

3  I have drawn particularly for this section on: J. Morrell, ‹Economic and Ornamental Geology: the Geological and Polytechnic Society of the West Riding of Yorkshire, 1837–53› and P. Weindling, ‹The British Mineralogical Society . . .› both in I. Inkster and J. Morrell (eds.), *Metropolis and Province: Science in British Culture, 1780–1850* (London, 1983); R. S. Porter, *The Making of Geology: Earth Science in Britain, 1660–1815* (Cambridge, 1977); R. S. Porter, ‹Gentlemen and Geology: the Emergence of a Scientific Career, 1660–1920›, *The Historical Journal* XXI (1978); R. S. Porter, ‹The Industrial Revolution and the Rise of the Science of Geology›, in M. Teich and R. Young (eds.), *Changing Perspectives in the History of Science* . . . (London, 1973); M. Guntau, ‹The Emergence of Geology as a Scientific Discipline›, *History of Science* XVI (1978).

4  1 ton avoirdupois = 2240 lbs = 1,016 tonne (of 1000 kg).

5  M. W. Flinn, *The History of the British Coal Industry,* Vol. II; *1700–1830 the Industrial Revolution* (Oxford, 1984), pp. 69–70.

6  J. Morrell and A. Thackray, *Gentlemen of Science: Early Years of the British Association for the Advancement of Science* (Oxford, 1981), pp. 187–188.

7  Roy Church, *The History of the British Coal Industry,* Vol. III. *1830–1913: Victorian Pre-Eminence* (Oxford, 1986), pp. 8–9.

8  A. R. and M. B. Hall, *A Brief History of Science* (London, 1964), p. 214.

9  The great theoretical chemist at Manchester, John Dalton, did not appear to have had close connections with the industrialists in the ‹Lit. and Phil.› – he was not a ‹practical

chemist›. However, he advised various local firms on chemical bleaching and it is of interest that he dedicated the second volume of his *New System of Chemical Philosophy* (1810) to two close friends, John Sharpe FRS, a solicitor and amateur scientist, and to Peter Ewart, an engineer. See D. S. L. Cardwell, ‹John Dalton and the Manchester School of Science›, in D. S. L. Cardwell (ed.), *John Dalton and the Progress of Science* (Manchester, 1968).

10  F. W. Gibbs, ‹Bryan Higgins and his Circle›, *Chemistry in Britain* I (1965), reprinted A. E. Musson (ed.) *loc. cit.*

11  B. Higgins, *Experiments and Observations* . . . (London, 1780–1786); *A Philosophical Essay on Light* (London, 1776); *Minutes of a Society for Philosophical Experiments and Conversations* (London, 1795).

12  N. McKendrick, *loc. cit.*; R. S. Schofield, *The Lunar Society of Birmingham* (London, 1963); R. S. Schofield, ‹Josiah Wedgwood, Industrial Chemist›, *Chymia* V (1959).

13  N. McKendrick, *loc. cit.;* see also W. Ashworth, *An Economic History of England, 1870–1939* (London, 1960), pp. 27–33.

14  Liebig himself commented «The manufacture of soda from common culinary salt may be regarded as the foundation of all our improvements in the domestic arts; and we may take it as an excellent illustration of the dependence of the various branches of human industry and commerce upon each other, and their relation to chemistry.» (*Familiar Lectures on Chemistry,* quoted in A. and N. L. Clow, ‹Vitriol in the Industrial Revolution›, *Economic History Review* XV (1945), pp. 45–55).

15  D. F. W. Hardie, ‹The Macintoshes and the Origins of the Chemical Industry›, *Chemistry and Industry* (1952); pp. 606–13 [reprinted A. E. Musson (ed.), *loc. cit.*].

16  This section of the text relies heavily on an earlier study, P. Mathias, ‹Swords and Ploughshares: the Armed Forces, Medicine and Public Health in the late Eighteenth Century›, reprinted in P. Mathias, *The Transformation of England* (London, 1979), ch. 14; P. Mathias, ‹Disease, Medicine and Demography in Britain during the Industrial Revolution›, *Annales Cisalpines d'Histoire Sociale* IV, 1973 (Pavia, 1975).

17  G. Blane, *Select Dissertations* (London, 1822), p. 147. Sir Gilbert Blane had been personal physician to Admiral Rodney, who appointed him Physician to the West Indies Squadron in 1780. He was appointed Physician to St. Thomas's Hospital after the peace of 1783, subsequently becoming Physician to the Fleet during the French Wars. The Admiralty established a Medical Board in 1797.

18  J. P. Frank, *System einer vollständigen medicinischen Polizey* (Vienna, 1779–1819).

19  See for this, and the next section, J. Liebenau, ‹Industrial Research and Development in Pharmaceutical Firms in the early 20th Century›, *Business History* (XXVI), 1984; J. Liebenau, ‹Paul Ehrlich as a Commercial Scientist and Research Administrator›, *Medical History* XXXIV (1990), with additional bibliography cited; E. Baumber, *Paul Ehrlich, Scientist for Life* (New York, 1984).

20  Königliche Anstalt für experimentelle Therapie. This was established in 1896, re-constituted in 1899 and subsequently became the Paul Ehrlich Institute. See J. Liebenau, ‹Paul Ehrlich as a Commercial Scientist and Research Administrator›, *Medical History* XXXIV (1990).

# Fortschritt durch Wissenschaft
# Die Universitäten im 19. Jahrhundert

*Hermann Lübbe*[1]

«Am Anfang war Napoleon.»[2] So beginnt Thomas Nipperdey seine Geschichte des deutschen 19. Jahrhunderts. Der Sinn dieses starken rhetorischen Auftakts ist evident: Napoleon repräsentiert im Beginn des 19. Jahrhunderts wie kein anderer die umwälzenden politischen Neuerungen, die er entweder selbst vollzog oder die teils in Anpassung an ihn, teils im Widerstand gegen ihn sogar noch über seinen Untergang hinaus als unaufschiebbar erfahren wurden. Das ist es, was die Sympathie begreiflich macht, mit der bedeutende Intellektuelle auch ausserhalb Frankreichs und nicht zuletzt in Deutschland zeitgenössisch Napoleon zugewandt waren. Als Beleg für diese modernitätsorientierte Intellektuellen-Wertschätzung Napoleons zitiere ich eine einzige Stimme, nämlich die des Wahlpreussen Hegel: «Mit der ungeheuren Macht seines Charakters hat er sich . . . nach aussen gewendet», hat «ganz Europa unterworfen und seine liberalen Einrichtungen überall verbreitet.»[3]

«Liberale Einrichtungen» – darunter verstanden die Reformer zum Beispiel modernes kodifiziertes Zivilrecht in Angemessenheit an die Bedürfnisse einer von Zunftschranken befreiten Wirtschaft. Die Liberalisierung des Publikationswesens durch Aufhebung der Zensur war gemeint, überhaupt konstituierte Bürgerrechte emanzipatorischen Gehalts und schliesslich die konstitutionelle Einbindung der monarchischen Souveränität in eine Staatsverfassung mit budgetkompetenter Vertretungskörperschaft und rechtsgebundener öffentlicher Verwaltung.[4]

Die überkommenen Universitäten standen um die Wende des 18. zum 19. Jahrhundert überwiegend nicht im Ansehen, zukunftsfähige, zu den Fälligkeiten staatlicher Reformpolitik passende «liberale Einrichtungen» zu sein. In napoleonischer Ära stand daher, soweit es sich um die Universitäten handelte, reformpolitisch zunächst einmal deren Abschaffung auf der Tagesordnung. Exemplarisch und in Zahlen gespiegelt heisst das: «Im Jahre 1792 bestanden im deutschen Sprachgebiet 42 Universitäten;

davon erloschen bis 1818 mehr als die Hälfte.»[5] Darunter befanden sich viele, an die sich, weil sie auch in späteren Epochen universitärer Wiedergründungen nicht mehr erneuert wurden, heute nur noch Experten der Universitätsgeschichte erinnern können – die Universitäten zu Dillingen oder zu Helmstedt zum Beispiel, oder auch die zu Fulda und Rinteln.

Was sind die Gründe dieser Massenschliessung von Universitäten in der Konsequenz reformpolitischer Modernisierungsabsichten? Zwei Gründe dürften dafür die mit Abstand wichtigsten sein. Erstens war die Mehrzahl der fraglichen Universitäten allein schon ihrer Grösse nach zu einer Bedeutungslosigkeit heruntergekommen, die die Hoffnung, hier liesse sich noch etwas reformieren, zu einer unrealistischen Hoffnung gemacht hätte. Allein vierzig Prozent der etwa 8000 Studenten, die gegen Ende des 18. Jahrhunderts an den Universitäten im Bereich des späteren deutschen Kaiserreichs immatrikuliert waren, «besuchten die vier grössten Universitäten», nämlich «Halle, Göttingen, Jena und Leipzig». «Die übrigen Universitäten» kamen «im Durchschnitt» nur auf «jeweils 150 Studenten» und waren hoffnungslos «zu Armut und Provinzialismus» verurteilt.[6] Die vormodernen Universitäten finanzierten sich zu einem nicht unerheblichen Anteil aus Hörerbeiträgen oder auch aus Erträgnissen zugewandter selbstverwalteter Vermögen. Mit der Hörerzahl sank daher zugleich die Leistungsfähigkeit der Universitäten, und mit der wachsenden Diskrepanz zwischen stagnierenden Vermögenserträgnissen einerseits und objektiv wachsenden Anforderungen andererseits sank sie abermals. Zweitens schien, vor allem in einer an Frankreich orientierten Perspektive, ein Staatsnutzen der Universitäten in ihrer traditionellen Verfassung und ihren herkömmlichen Lehrprogrammen immer weniger erkennbar. Michel Deveze hat die langen Geschichten, die man zur Verdeutlichung der rückläufigen wissenschaftsgeschichtlichen Bedeutung vieler Universitäten im neuzeitlichen Europa erzählen müsste, folgendermassen anschaulich zusammengefasst: «Weder Descartes noch Pascal, weder Fermat noch Mersenne gehörten» in Frankreich je einer «Universität an.»[7] Was der absolutistische Staat an nutzbarer Wissenschaft brauchte, suchte er sich entsprechend an neuen, ausseruniversitären Facheinrichtungen zu verschaffen – von der Akademie für Artillerie in Brienne, wo immerhin Napoleon ausgebildet worden ist, über eine schon 1747 gegründete Hochschule für Strassenbau bis hin zur Spezialeinrichtung einer Bergakademie im Jahre 1783.[8] Das ist die Tradition, an die später, im 19. Jahrhundert, die berühmten französischen Fachhochschulen von der Art der «École Polytechnique», der «École des Chartes» oder auch der «École Centrale des Arts et Manufactures» anzuschliessen vermochten.[9]

Die Abneigung speziell der deutschen Reformer wider die traditionellen Universitäten hatte noch einen weiteren Inhalt. Es war die Abneigung gegen vormodern-ständische Privilegien, über die hin bis zu Formen eigener Gerichtsbarkeit die Universitäten verfügten und die im universitären Milieu Entwicklungen dessen begünstigten, was wir heute «Subkultur» zu nennen pflegen. Nicht wenige Universitäten standen daher bei soliden Bürgern in schlechtem Ruf. Man schätzte sie akademischer Sittenlosigkeiten wegen so wenig wie Kasernen oder auch Zuchthäuser. Man fürchtete die Rohheit des Burschenlebens, die Rauflustigkeit der händelsuchenden bursarii, den Pennalismus, und man fand sich wohlberaten, die eigenen Töchter vor den Studentenmilieus zu verwahren.

Das alles macht plausibel, wieso man zunächst auch in Deutschland, in Preussen zumal, daran dachte, die Universitäten aufzuheben, um Einrichtungen moderner Fachausbildung nach französischem Muster an ihre Stelle zu setzen. Das ist natürlich vorhumboldtianisch gedacht, und als herausragenden Repräsentanten dieses Denkens mag man von Massow zitieren, den ersten Chef des preussischen Unterrichtswesens nach dem Thronwechsel von Friedrich Wilhelm II. zu Friedrich Wilhelm III. «Aus der Fülle seines Herzens» wollte von Massow unterschreiben, «dass statt der Universitäten nur Gymnasien und Akademien für Ärzte, Juristen usw. usw. sein sollten.»[10] Die «Universitäten in ihrer aus dem Alterthum herrührenden Einrichtung», fand von Massow, wollen «zum jetzigen Bedürfnis der moralischen, scientifischen und praktischen Bildung nicht bloss künftiger spekulativer Gelehrten, sondern für die dem bürgerlichen Leben in privaten und öffentlichen Verhältnissen ebenfalls brauchbaren Staatsbürger nicht passen».[11] Die an Zwecken der Hebung des Gemeinwohls orientierte reformabsolutistische Staatsverwaltung schätzte also den Nutzen der herkömmlichen Universitäten überwiegend als sehr gering ein. Das macht verständlich, wieso man in den Vorstadien der berühmtesten, weil folgenreichsten Universitätsgründung des 19. Jahrhunderts, nämlich der Berliner Universitätsgründung von 1810, auf den heruntergekommenen Namen «Universität» zunächst überhaupt zu verzichten geneigt war. Der Philosoph Fichte zum Beispiel, der eine sehr philosophische – und das soll in diesem Falle heissen: sehr lebensfremde – Denkschrift die geplante Berliner akademische Einrichtung betreffend verfasst hat, gab ihr den Titel «Deduzierter Plan einer in Berlin zu errichtenden höheren Lehranstalt».[12] Auch Wilhelm von Humboldt, mit dessen Namen sich die Berliner Gründung vor allem verbindet, sprach im Titel seiner eigenen, massgebend gewordenen Denkschrift wie Fichte statt von «Universität» von «Anstalt»[13], nahm aber im Text seiner Denkschrift den Namen der Universität wieder auf[14] und entwarf seinen Plan als Plan einer erneuerten Universität.

Humboldts Konservierung des Prädikators «Universität» in der Absicht, ihn zur Benennung zukünftiger wissenschaftlicher Einrichtungen verwendbar zu halten, ist signifikant. Sie zeigt an, dass Humboldt, im Gegensatz zu den durch von Massow repräsentierten älteren Tendenzen der Aufklärung, die universitären Traditionen, statt sie durch eine Revolution von oben administrativ zu beenden, durch Reform zukunftsfähig machen und so konservieren wollte. Dieses Humboldtsche Reformkonzept in kulturkonservativer Absicht bedarf der Interpretation. Humboldts Universitätsreformkonzept wäre missverstanden, wenn man es für ein einfaches Dementi der durch die Entwicklung der wissenschaftlichen Einrichtungen in Frankreich eindrucksvoll demonstrierten aufgeklärten Idee hielte, die Wissenschaften endlich nützlich zu machen. Auch in Preussen waren doch, analog zur Entwicklung der Dinge in Frankreich, im Aufklärungszeitalter mannigfache Einrichtungen fachlicher Ausbildung gegründet worden, die sich unmittelbar durch die Evidenz ihres gemeinen Nutzens empfahlen – Bergbauakademien zum Beispiel, Tierarzneischulen und Ackerbauinstitute. Einrichtungen dieser Art, die, aus dem pragmatischen Geiste der Aufklärung gegründet, unmittelbar dem Staatsnutzen zu dienen hatten, wurden keineswegs aufgehoben. Sie wurden vielmehr ihrerseits vielfach fortgeführt und fortentwickelt – von der Bauakademie[15] bis zum «Gewerbeinstitut»[16]. Humboldts Universitätsreform wollte keineswegs den guten Sinn dieser nützlichen Einrichtungen dementieren. Humboldt beharrte lediglich darauf, dass es Zwecke der Wissenschaft und Zwecke der Bildung durch Teilnahme am Leben der Wissenschaft gibt, die sich in unmittelbar nutzenbezogener Forschung und Ausbildung nicht erfüllen lassen, und diesen anderen, noch zu erläuternden «höheren» Zwecken sollte die neue reformierte Universität dienen.

Überdies gab es einen zusätzlichen Grund, den Namen der Universität zu erhalten und ihn als Namen neuer Einrichtungen reformierter wissenschaftlicher Forschung und Lehre vorzusehen. Gewiss waren, wie schon gesagt, viele Universitäten heruntergekommen, und kaum einer trauerte ihnen nach, nachdem sie liquidiert worden waren. Es hatten sich aber auch Universitäten erhalten, die gerade im Aufklärungszeitalter zu Ruhm und Ansehen gelangt waren – bei Studenten und Professoren und auch bei den Staatsverwaltungen, soweit diese nicht gerade mit Zensur und Massregelung studentischer oder professoraler Unbotmässigkeit sich zu beschäftigen hatten. Die Universität Göttingen zum Beispiel war eine Universität unbeschädigter hoher Geltung oder in Preussen die Universität zu Halle. Nicht zuletzt die Kameralistik blühte hier und damit ein Zweig akademischer Qualifikation künftiger Staatsdiener, der für die absolutistische Administration längst unentbehrlich geworden war.

Es hatten sich also Universitäten erhalten, deren Ansehen auch die Geltung des Namens «Universität» unbeschädigt sein liess, und daran konnte Humboldt anknüpfen. Das schliesst ein: Humboldts Plan einer reformierten Universität, die, anders als die Einrichtungen der Fachausbildung, nicht unmittelbar auf praktische Zwecke bezogen sein sollte, ist nichtsdestoweniger ein auf die Mehrung des Staatsnutzens, das heisst auf die Förderung des Gemeinwohls bezogener Plan. Schliesslich war Humboldt nicht ein Professor und vertrat nicht deren persönliche oder berufsständische Interessen. Er befand sich herkunftsmässig in distanzierter Position ausserhalb des akademischen Milieus, und auch in seiner Rolle als Administrator und Staatsmann wäre es ihm nicht in den Sinn gekommen, reformpolitisch Gelder für eine Einrichtung zu mobilisieren, deren Verwendung nicht durch öffentliche Zwecke, die der Staat zu vertreten hat, gerechtfertigt gewesen wäre. Wörtlich heisst es bei Humboldt, die Universität stehe «immer in enger Beziehung auf das praktische Leben und die Bedürfnisse des Staates» und unterziehe sich «praktischen Geschäften für ihn»[17]. Welche «Geschäfte» sind hier gemeint? Das ist die fürs Verständnis der Reformuniversität des 19. Jahrhunderts entscheidende Frage. Sie lässt sich beantworten, wenn man drei wichtige Funktionen der neuen Universität des 19. Jahrhunderts ins Auge fasst. Erstens erhebt sie jetzt die Philosophische Fakultät zu einer aus propädeutischen Diensten bei den «oberen» Fakultäten emanzipierten Stätte eigenständigen Unterrichts und Studiums. Zweitens entwickelt sich die neue Universität zur wichtigsten Forschungsstätte. Drittens fördert die neue Universität soziale Mobilität und trägt so dazu bei, die Ständegesellschaft zur Aufstiegsgesellschaft zu transformieren.

Das bedarf der Erläuterung. In etlichen Vorlesungsverzeichnissen erscheint ja noch heute die Philosophische Fakultät – nach ihrer Teilung in eine Fakultät kulturwissenschaftlicher Disziplinen einerseits und eine Fakultät naturwissenschaftlicher Disziplinen andererseits sogar zweifach als Philosophische Fakultät I und Philosophische Fakultät II – an letzter Stelle hinter den «oberen» Fakultäten der Theologie, der Jurisprudenz und der Medizin. Auch bei rituellen Aufzügen der Professoren schreiten die Angehörigen der «oberen» Fakultäten voran, und die Vertreter der Disziplinen der «unteren», nämlich philosophischen Fakultäten bilden die Nachhut. Was heisst hier «oben», und was heisst hier «unten»? Aus den Funktionen des uns vertrauten gegenwärtigen akademischen Unterrichtsbetriebs lässt sich das nicht verständlich machen. Es lässt sich vielmehr nur historisch erklären, nämlich als ein Relikt aus früheren Epochen der Universitätsgeschichte, als die Philosophische Fakultät eben noch nicht lehrmässig verselbständigt war, vielmehr überwiegend propädeutische

Aufgaben für das Studium in den oberen Fakultäten erfüllte. Es handelt sich um ein Relikt aus der Tradition der Artisten-Fakultät, in der man, anders als in der Theologischen, Juristischen oder Medizinischen Fakultät, nicht Berufskompetenzen erwarb, sondern sich durch Übungen in der Logik oder Grammatik für das eigentliche Studium in den oberen Fakultäten studierfähig machte, wie wir heute sagen würden. – Demgegenüber wird also in der neuen, reformierten Universität des 19. Jahrhunderts die Philosophische Fakultät zum institutionellen Ort einer selbständigen und grundständigen akademischen, Berufskompetenz vermittelnden Bildung erhoben. Wodurch? Nun, die Philosophische Fakultät wird in der neuen Universität überwiegend zur gymnasiallehrerausbildenden Fakultät. Für den Fall der preussischen Universitätsreform Wilhelm von Humboldts bedeutet das: Diese Reform ist von der parallel sich vollziehenden Reform des Gymnasiums und damit von der Schaffung eines homogenen, Ausbildungsansprüchen unterworfenen Gymnasiallehrerstandes unabtrennbar. In Zahlen aus der Statistik des Bildungswesens im 19. Jahrhundert gespiegelt heisst das: «Etwa 70% der Studenten der Philosophischen Fakultäten» in Preussen zwischen 1840 und 1860 strebten das Lehramt an Gymnasien an, das sie freilich nicht immer erreichten.[18] Inzwischen hat sich natürlich die Palette der Berufe, für die man sich über ein Studium in den Fächerbereichen der alten, ungeteilt Kulturwissenschaften wie Naturwissenschaften umfassenden Fakultät vorbereitet, erheblich ausgeweitet – von den industrie- und wirtschaftsintern tätigen Chemikern und Mathematikern über die in unseren zahllosen Museen tätigen Experten bis hin zu den Medienfachleuten. Im frühen 19. Jahrhundert war es aber das reformierte Gymnasium, das die Absolventen des Studiums in der Philosophischen Fakultät als eines grundständig-berufsvorbereitend gewordenen und in genau diesem Sinne verselbständigten Studiums aufnahm. Gymnasialreform und Universitätsreform gehören zusammen, und das Gymnasium übernahm in der Neuzuordnung dieser Bildungseinrichtungen uneingeschränkt die propädeutische Funktion, die künftigen Studenten studierfähig zu machen, und die Universität, näherhin die Philosophische Fakultät, sah sich von dieser propädeutischen Aufgabe entlastet. – Die institutionelle Verselbständigung der naturwissenschaftlichen Disziplinen gegenüber den kulturwissenschaftlichen erfolgte in naheliegender Konsequenz des raschen Wachstums der verselbständigten Philosophischen Fakultät schon im 19. Jahrhundert alsbald und nach und nach immer häufiger – sehr früh schon in Zürich, nämlich 1858[19] oder 1863 in Tübingen[20]. In anderen Fällen blieb es freilich bei der grossen Philosophischen Fakultät, die ungeteilt kulturwissenschaftliche und naturwissenschaftliche Disziplinen umfasste, so in Münster i. W. bis 1948 und bei den Universitäten in Österreich sogar bis zur gesetzlichen Reorganisation der Hochschulen Mitte der siebziger Jahre.

Zweitens wird in der reformierten Universität des 19. Jahrhunderts die Philosophische Fakultät ineins mit ihrer lehrmässigen Verselbständigung zum institutionellen Zentralort freier, politisch ungebundener, das heisst von residualen Zensurvorschriften unabhängig gewordener und somit tendenziell aufklärend wirkender Forschung. Schon Kants berühmte Universitätsphilosophie[21] ist nichts Geringeres als eine Darstellung dessen, wie in der eingeforderten Freiheit der Philosophischen Fakultät gegenüber den oberen Fakultäten einerseits und in der Freiheit der Universität insgesamt gegenüber der Regierung andererseits der Aufklärungsprozess sozusagen als Staatsveranstaltung institutionalisiert werden könnte. Die Philosophische Fakultät, aus ihren propädeutischen Diensten für das Studium in den oberen Fakultäten entlassen, wird zum Ort, wo, was gelehrt wird, sich durch nichts als durch Gründe für erhobene Wahrheitsansprüche legitimiert, das heisst, die Philosophische Fakultät wird zum Ort freier, fortschreitender Forschung. Die oberen Fakultäten, konstatiert Kant, bleiben ja gehalten zu lehren, was als «beständige, für jedermann zugängliche Norm» in der Ge stalt einer «Schrift», als Text von institutionell befestigter Geltung dem Volk wie seinen hohen Schulen vorgegeben ist – als Heilige Schrift und Katechismus, als Gesetzestext oder als «Medizinalordnung» für die «Medizinische Polizei»[22]. Aber universitätsintern sollten doch in der aufgeklärten Universität die akademischen Lehrer dieser Vorgegebenheiten, die Professoren der Theologie, der Jurisprudenz und der Medizin, frei sein, sie der Prüfung auf die durch nichts als auf die Wahrheit verpflichtete Vernunft zu unterwerfen, wie sie sich in den Forschungen der Philosophischen Fakultät betätigt. Indem die Regierungen wissen oder doch wissen könnten, dass der «Vorteil jeder Wissenschaft», einschliesslich der Wissenschaften in den oberen, auf Staatszwecke verpflichteten Fakultäten, in letzter Instanz auf «Wahrheit»[23] beruht, können sie, wie Kant findet, auch gewiss sein, dass die universitäre Freisetzung freier Forschung in besonderer Weise geeignet ist, den Nutzen des Gemeinwesens, für den sie einzustehen haben, zu mehren. Die Regierungen seien also, meint Kant, wohlberaten, die Philosophischen Fakultäten zur Stätte zu erheben, «wo Vernunft öffentlich zu sprechen berechtigt» ist. Ohne eine solche Stätte könne, «zum Schaden der Regierung selbst», «die Wahrheit» im Gemeinwesen «nicht an den Tag kommen»[24].

Man kann im Rückblick dieses Kantische Konzept, Universitäten und innerhalb ihrer zumal die Philosophischen Fakultäten zu Stätten der Aufklärung durch freie Forschung zu machen, durchaus realistisch nennen. Die berühmte «Freiheit von Forschung und Lehre», die wie nichts anderes das Selbstverständnis der Reformuniversität des 19. Jahrhunderts ausdrückt, ist darin vorabgebildet.[25] «Freiheit von Forschung und Lehre» – das schloss natürlich deren Unabhängigkeit von staatlich-administrativen Massgaben ein, durch die sie direkt, gar projektbezogen, sich an konkrete Zwecke staatlichen Handelns hätte binden müssen. Aber worin bestand dann in solcher Freiheit von Forschung und Lehre deren «Nutzen», den der Universitätsreformer Wilhelm von Humboldt mit dem schon zitierten Satz ins Auge fasste, die Universität stehe «immer in enger Beziehung auf das praktische Leben und die Bedürfnisse des Staates» und unterziehe sich «praktischen Geschäften für ihn»?[26] Die Antwort auf diese Frage lässt sich einer Äusserung Humboldts bei Gelegenheit seiner Antrittsrede in der Berliner Akademie der Wissenschaften entnehmen. Die Wissenschaft, so Humboldt, giesse eben «dann ihren wohltätigsten Segen» aus, wenn sie ihren Nutzen «gewissermassen zu vergessen scheint».[27] Selbstzweck als Staatszweck – das ist, auf eine Formel gebracht, die Quintessenz der Humboldtschen Universitätsreform als Wissenschaftsreform. Nichts ist in der Wissenschaft nützlicher als Freiheit der Wissenschaft. Diese einfache und überaus erfolgreiche Idee hat Wilhelm von Humboldt in Universitätsreformpolitik umzusetzen versucht. Die Vielfalt der Länder hat in Deutschland politisch den Erfolg dieser Idee begünstigt. Wo die politische Reaktion die freie Forschung und Lehre beschnitt, verblieben gewisse Möglichkeiten, jenseits naher Landesgrenzen sich freier einzurichten[28] – gegebenenfalls in der Schweiz, wo man freilich gelegentlich auch, wie David Friedrich Strauss in Zürich[29], die Widerstände erfahren konnte, gegen die die Idee freier Forschung und Lehre sich im 19. Jahrhundert durchsetzen musste.

Realität bekommt die Freiheit von Forschung und Lehre, wenn die institutionellen, organisatorischen, auch personellen Voraussetzungen dafür gegeben sind. Das Recht der Fakultäten, sich personell selbst zu ergänzen oder doch das Recht, den auch für die Oberbehörden im Regelfall massgebenden Vorschlag zu dieser Selbstergänzung zu beschliessen, ist stets eine der wichtigsten dieser Voraussetzungen gewesen. Die Effizienz dieses Selbstergänzungsrechts setzte ihrerseits die Existenz eines qualifizierten akademischen Nachwuchses voraus. Tatsächlich nahm die Zahl der Privatdozenten, zu deren Idealisierung, zumal in sozialgeschichtlicher Perspektive, freilich kein Anlass besteht[30], im 19. Jahrhundert ständig zu. Exemplarisch heisst das: 1796 noch kamen in Preussen auf einhundert Professuren ganze siebenunddreissig Privatdozenten, 1864 aber bereits neunzig.[31] Vor allem aber hat die Universität des 19. Jahrhunderts die Evolution der Forschung durch Eröffnung personeller und institutioneller Möglichkeiten der Spezialisierung begünstigt. Noch Kant hatte als Professor in Königsberg Vorlesungen in nahezu einem halben Dutzend Fächer angeboten – von der physischen Geographie bis zum Naturrecht. Die in der Reformuniversität des 19. Jahrhunderts selbständig und grösser gewordene Philosophische Fakultät wurde demgegenüber zum Ort der institutionellen und personellen Verselbständigung methodisch und inhaltlich sich ausdifferenzierender wissenschaftlicher Disziplinen.

Drittens schliesslich erwies sich die Reformuniversität des 19. Jahrhunderts als ein recht wirksames Medium der Mobilisierung der alten Ständegesellschaft. Das war so gewollt. Fichte zum Beispiel kennzeichnete in seiner universitären Gründungsdenkschrift die in Berlin zu errichtende höhere Lehranstalt als wünschenswerte Gelegenheit zur standesunabhängigen Bildungskonkurrenz der Talente, die, wie er schrieb, «besonders unser Adel ... mit Freuden ergreifen werde, um zu zeigen, dass es nicht bloss die versagte Konkurrenz war, die ihn bei seinem bisherigen Range erhielt»[32]. Um den praktischen Ort dieser politischen Bildungsphilosophie richtig einzuschätzen, muss man sich vergegenwärtigen, dass Fichtes Universitätsreformplan ja nicht ein Dokument subversiver politischer Untergrundliteratur war, vielmehr eine offizielle Denkschrift, mit welcher Fichte der Bitte des Königlichen Kabinettschefs Karl Friedrich von Beyme entsprochen hatte, ihm seine «Ansichten, über die Gründung einer neuen Universität zu Berlin» mitzuteilen.[33] Die Modernisierung der Ständegesellschaft mit den Tendenzen der Freisetzung einer allgemeinen bürgerlichen Gesellschaft hatte damals als fällige Antwort auf die Herausforderungen der Revolution in Frankreich staatsreformpolitische Evidenz.[34] Dem entsprach die radikale Ständephilosophie radikaler politischer Philosophen, und verantwortliche Staatsdiener höheren Ranges sagten dasselbe moderat, indem sie zum Beispiel verlangten, in der Ordnung des reformierten Staates habe «der Unterschied der Stände weniger scharf begrenzt» zu sein, und jeder solle «mehr Freiheit» erhalten, «freien Gebrauch von seinen Kräften zu machen», zumal in der «Konkurrenz für Kunst und Wissenschaft».[35] Die Erwartung, dass von den neuen und grösseren Universitäten mit ihrer Freiheit eines im Prinzip standesindifferenten, nämlich formal exklusiv an die Bedingung der Maturität gebundenen Zugangs zu ihnen eine sozial mobilisierende Wirkung ausgehen werde, hat sich in vielen Hinsichten erfüllt. «In Halle etwa stieg der Anteil der Studenten aus den nicht-besitzenden und nicht-akademischen Schichten in der Philosophischen Fakultät» von etwa 38% zu Beginn der zwanziger Jahre des 19. Jahrhunderts auf 50% zu Beginn der fünfziger Jahre.[36]

Die Grundidee Humboldts, die reformierte Universität gerade durch Freiheit von Forschung und Lehre und damit durch Unabhängigkeit von direkter Bindung an Staatszwecke nützlich zu machen – diese Idee indirekter Förderung des Gemeinwohls durch institutionell garantierte Wissenschaftsfreiheit erwies sich also als sehr erfolgreich. Das beschädigte Ansehen der Universitäten festigte sich. Sie gewannen an kultureller Geltung und Anerkennung. Zur näheren Charakterisierung speziell der Humboldtschen Universitätsreform bleibt freilich zu sagen, dass deren eigentümlicher Geist den Naturwissenschaften, mindestens im ersten Drittel des 19. Jahrhunderts, nicht das ihnen angemessene innerakademische Prestige zu verschaffen vermochte. Es erübrigt sich hier, aus den Briefen und Denkschriften Wilhelm von Humboldts die mannigfachen Äusserungen zu zitieren, die sein Missverhältnis den neuen Naturwissenschaften gegenüber demonstrieren. Chemie und Botanik nannte Humboldt «schreckliche Wissenschaften». Komplementär dazu erklärte er es zum Ideal, wenn auch künftig Tischler Gelegenheit hätten, Griechisch zu lernen. Auf solchem Hintergrund wird verständlich, dass in Berlin die mit zahlreichen Lehrstühlen ausgestattete Gruppe der klassischen Altertumswissenschaften in den Studienordnungen einen obligaten Besuch ihrer Lehrveranstaltungen für alle Studenten der Universität durchzusetzen vermochte – sozusagen studium generale als Studium des klassischen Altertums. Das erwies sich rasch als undurchführbar. Mahnung um Mahnung erschien an den Schwarzen Brettern, vorzugsweise an die Adresse der Mediziner gerichtet. Friedrich August Wolf, der, wie Treitschke schrieb, die klassische Literatur den Händen der Ästhetiker entrissen und sie der historischen Kritik überwiesen habe – Wolf also äusserte sich empört, dass die Mediziner sich ungeachtet einschlägiger Vorschriften bei ihm nicht blicken liessen. Aber auch er vermochte schliesslich nicht, die akademischen und staatlichen Behörden zur Durchsetzung der längst unhaltbar gewordenen Studienreglementsprivilegien der klassischen Altertumswissenschaften zu veranlassen.

An einem Beispiel sei gezeigt, wie stark das klassisch-humanistische Bildungsideal zumal in Deutschland das Universitätsstudium im 19. Jahrhundert noch bis in seine zweite Hälfte hinein bestimmt hat. Paul Graf Yorck von Wartenburg legte im Jahre 1866 eine Prüfungsarbeit vor, die den Titel trug: «Die Katharsis des Aristoteles und der Ödipus des Sophokles». Man denkt: Das ist die Staatsarbeit eines künftigen Gymnasiallehrers im Fache «Griechisch». Yorck selbst aber belehrt uns über seine Arbeit: Sie verdanke «ihre Entstehung der dem Verfasser von der Ober-Examinationskommission für die Prüfung zu den höheren Verwaltungsämtern gestellten Aufgabe, an einer Sophokleischen Tragödie zu entwickeln, wie sie geeignet ist, nach Aristoteles kathartisch» zu wirken.[37]

Die Naturwissenschaften standen also, unbeschadet ihrer objektiv anwachsenden Bedeutung, in Deutschland zunächst eher im Schatten der klassizistischen Bildungsideale Wilhelm von Humboldts, und es gab Rückstände gegenüber der institutionellen Entwicklung der Naturwissenschaften in Westeuropa. Exemplarisch heisst das: Der erste Lehrstuhl für Geologie wurde in Deutschland erst 1843, nämlich in München, errichtet, während in Paris die Geologie bereits 1793 institutionalisiert worden war, und die Paläontologie fand sich in Wien endlich 1873 eingerichtet – mit zwanzigjähriger Verspätung wiederum gegenüber Paris.[38] Solche Defizite in der Entwicklung der Naturwissenschaften in Preussen und Deutschland im Vergleich mit den Verhältnissen in Westeuropa machen plausibel, wieso der Bruder Wilhelm von Humboldts, Alexander, 1827 nur ungern, dem Wunsch seines Königs entsprechend, nach Berlin zurückkehrte, aus Paris nämlich, wo er im Kreise der Arago, Gay-Lussac, Bonpland, Valenciennes in den reichsten kommunikativen Verhältnissen unter Naturwissenschaftlern lebte. Alexander von Humboldt war nun aber ein Mann, der in seiner Person unwidersprechlich bezeugte, was naturwissenschaftliche Bildung nicht nur unter Nutzenaspekten, sondern auch kulturell bedeutet.[39] Alexander wirkte im deutschen akademischen Milieu klimaverändernd. Bedeutende Naturwissenschaftler, Justus Liebig zum Beispiel, haben ihm das zeitlebens gedankt. Man lese die eindrucksvollen Schilderungen Harnacks in seiner Geschichte der Preussischen Akademie der Wissenschaften nach. Der Erfolg der Vorlesungen, die Alexander von Humboldt in der Berliner Sing-Akademie hielt, ist legendär. Für die Entfaltung der Naturwissenschaftskultur im deutschen akademischen Milieu hatte das grosse Bedeutung. Es ist daher den historischen Tatsachen angemessen, dass man später vor der Berliner Friedrich-Wilhelms-Universität den beiden Brüdern Humboldt das ihnen gebührende Denkmal gesetzt hat.

Gleichwohl wurden die Universitäten des deutschen Reformtyps «centres and sometimes virtually the seats of world-wide scientific communities» für die Dauer einiger Jahrzehnte erst im letzten Drittel des 19. Jahrhunderts.[40] Wie kein anderer sollte später Abraham Flexner das Lob der reformierten deutschen Universität und ihrer Forschungsleistungen in der englischsprechenden Welt verkünden.[41] Gewiss neigte Flexner in diesem Lob zu Übertreibungen, und im Rückblick auf die in vielen Hinsichten so betrübliche Geschichte der deutschen Universitäten im zweiten Drittel dieses Jahrhunderts, zumal im Kontext der Geschichte der Diktatur der Nationalsozialistischen Deutschen Arbeiterpartei hat man das kritisch angemerkt.[42] Gleichwohl gewann die deutsche Reformuniversität einen gewissen, international nachweisbaren Vorbildcharakter. Lord Annan zum Beispiel meint, dass das Ansehen der humboldtianisch reformierten deutschen Universität bereits bei der Gründung des University College in London 1824 wirksam gewesen sei.[43] Wie auch immer: Gegen Ende des 19. Jahrhunderts hatte sich die Reformuniver-

sität des humboldtianischen Typus nicht zuletzt als eine die naturwissenschaftliche Forschung begünstigende Einrichtung erwiesen, und bei Erörterungen der Frage nach den näheren organisatorischen Voraussetzungen
dessen wird heute vorzugsweise auf die Einrichtung universitätsinterner
Forschungsinstitute verwiesen. In den neuen Universitätsinstituten hat
sich die Forschungspraxis inneruniversitär institutionell verselbständigt,
aber dass sie es eben inneruniversitär tat, hat zugleich in ausserordent-
licher Weise die Heranziehung des benötigten Forschernachwuchses gefördert. Die rasch wachsende Bedeutung der universitären Forschungsinstitute lässt sich nicht zuletzt an der dramatischen Steigerung der ihnen
zugewandten Anteile der Universitätshaushalte ablesen. «An der Universität Berlin zum Beispiel wuchs der Anteil der Institutsausgaben am
Gesamthaushalt von 12,2% im Jahr 1811 auf 48,5% im Jahre 1870 und
61,2% im Jahre 1910.»[44]

Der Höhepunkt der wissenschaftskulturellen Geltung der Universitäten lag zweifellos im letzten Drittel des 19. Jahrhunderts. Palästen gleich
wurden damals die neuen grossen Universitätsinstitute erbaut – das Physikalische Institut Hermann von Helmholtz' zum Beispiel oder auch der
Parallelbau des Physiologischen Instituts des gleichfalls weltberühmten
Emil Du Bois-Reymond aus einer Neuenburger Hugenotten-Familie.[45]
Noch zu Beginn dieses Jahrhunderts fand man sich nicht gehemmt, die
Bibel, näherhin das Johannes-Evangelium in wissenschaftskultureller Absicht in Anspruch zu nehmen, und man schrieb «Die Wahrheit wird Euch
frei machen» ungeniert über Universitätsportale.[46]

Inzwischen haben die Universitäten ihr damaliges wissenschaftskultu-
relles Geltungsmonopol und insbesondere ihre damals nahezu konkur-
renzlose forschungspolitische Position weitgehend eingebüsst. Gewiss hat
das Wachstum der Universitäten sich in der zweiten Hälfte unseres eigenen
Jahrhunderts noch einmal erheblich beschleunigt. Aber der Anteil, den die
universitätsinterne Forschung an der in hochentwickelten Gesellschaften
insgesamt betriebenen Forschung darstellt, hat sich relativ rückläufig entwickelt. Die technischen Wissenschaften, deren akademischen Rang anzu-
erkennen humboldtianisch geprägte Professoren und Administratoren sich
lange gesträubt haben, fanden in den Technischen Hochschulen ihre eigene
gewichtige akademische Form.[47] Ausseruniversitäre Forschungsförde-
rungseinrichtungen haben sich, wenn auch zunächst oft als Einrichtungen
der Nothilfe konzipiert[48], zu bedeutenden Einrichtungen der Forschungs-
steuerung mit wachsenden Haushalten entwickelt, und der Anteil der für
Forschung und Entwicklung in modernen Gesellschaften insgesamt aufge-
wendeten Mittel, der in der Industrie verbraucht wird, macht in vielen
Ländern inzwischen das Drei- bis Vierfache des Anteils aus, der durch die

Kassen der Hochschulen läuft. In der Schweiz liegt dieser Anteil sogar singulär hoch, nämlich bei 75%.[49]

Aber es ist nicht der in solchen Entwicklungen und Zahlen sich spiegelnde Verlust der forschungspraktischen Monopolstellung allein, über den sich die Stellung der Universitäten in unserer öffentlichen Kultur seit dem 19. Jahrhundert verändert hat. Hinzu kommen Veränderungen in der Einstellung der Bevölkerung hochentwickelter Gesellschaften zu ihren wissenschaftlich-technischen Lebensgrundlagen. In Extremfällen schliessen diese Veränderungen Affekte einer neuen Wissenschafts- und Technikfeindschaft ein.[50] Aber die Analyse der Ursachen der aktuellen dramatischen Änderungen in der kulturellen Geltung der Wissenschaften und damit auch der Universitäten gehört nicht mehr in diesen Zusammenhang.[51]

## Anmerkungen


1 Thomas Nipperdey zum Gedächtnis.
2 Thomas Nipperdey: Deutsche Geschichte 1800–1866. Bürgerwelt und starker Staat. München 1983, p. 11.
3 G. W. F. Hegel: Vorlesungen über die Philosophie der Geschichte. Werke, Band IX, p. 540.
4 Hegels berühmte Rechtsphilosophie («Grundlinien der Philosophie des Rechts») ist nach ihrer politisch-pragmatischen Funktion nichts anderes als ein philosophischer Beitrag zu verfassungspolitischen Auseinandersetzungen in Preussen. Cf. Gertrude Lübbe-Wolff: Hegels Staatsrecht als Stellungnahme im ersten preussischen Verfassungskampf. In: Zeitschrift für Philosophische Forschung. Band 35. Heft 3/4 (1981), pp. 476–501.
5 Helmut Schelsky: Einsamkeit und Freiheit. Idee und Gestalt der deutschen Universität und ihrer Reformen. Reinbek b. Hamburg 1963, p. 22.
6 R. Steven Turner: Universitäten. In: Handbuch der deutschen Bildungsgeschichte. Band III 1800–1870. Von der Neuordnung Deutschlands bis zur Gründung des Deutschen Reiches. Hrsg. von Karl-Ernst Jeismann und Peter Lundgreen. München 1987, pp. 221–249, p. 221.
7 Michel Deveze: Die französischen Universitäten in Vergangenheit und Gegenwart. In: Lord Annan, Michel Deveze, Hermann Lübbe: Universität gestern und heute. Salzburg, München 1973, pp. 23–43, p. 31.
8 a. a. O. p. 32.
9 a. a. O. p. 35.
10 Zitiert bei Ernst Müsebeck: Das preussische Kultusministerium vor hundert Jahren. Stuttgart, Berlin 1918, p. 26.
11 Zitiert bei C. Farrentrap: Johannes Schulze und das höhere preussische Unterrichtswesen in seiner Zeit. Leipzig 1899, p. 235.
12 Johann Gottlieb Fichte: Deduzierter Plan einer zu Berlin zu errichtenden höhern Lehranstalt, die in gehöriger Verbindung mit einer Akademie der Wissenschaften stehe. In: Die Idee der deutschen Universität. Die fünf Grundschriften aus der Zeit ihrer Neubegründung durch klassischen Idealismus und romantischen Realismus. Darmstadt 1956, pp. 125–217. – Diese Denkschrift wurde 1807 geschrieben und 1817 erstmals veröffentlicht.
13 Wilhelm von Humboldt: Über die innere und äussere Organisation der höheren wissen-

schaftlichen Anstalten in Berlin. In: a. a. O. pp. 375–386. – Diese Denkschrift Humboldts
wurde 1809/1810 geschrieben und erst 1896 zum ersten Mal publiziert.

14 Zum Beispiel a. a. O. p. 381.

15 Cf. dazu Anna Treut-Nedeljkov: Zwischen Revolution und Reform. In Preussen entsteht
das erste deutschsprachige Polytechnikum / Präliminarien zur Entstehungsgeschichte. In:
Katalog zur Ausstellung 100 Jahre Technische Universität Berlin. Herausgegeben im
Auftrage des Präsidenten der Technischen Universität Berlin von Karl Schwarz. Berlin
1979, pp. 58–80.

16 Cf. dazu Helmut Reilen: Christian Peter Wilhelm Beuth: Eine geschichtliche Betrachtung.
In: a. a. O. pp. 82–95.

17 Wilhelm von Humboldt: Über die innere und äussere Organisation der höheren wissenschaftlichen Anstalten in Berlin, a. a. O. (cf. Anm. 12), p. 384.

18 R. Steven Turner, a. a. O. (cf. Anm. 5), p. 231.

19 Die Universität Zürich 1833–1933 und ihre Vorläufer. Festschrift zur Jahrhundertfeier.
Herausgegeben vom Erziehungsrat des Kantons Zürich. Bearbeitet von Ernst Gagliardi,
Hans Nabholz und Jean Strohl. Zürich 1938, p. 569: «Trennung der Philosophischen
Fakultät in ihre beiden Sektionen.»

20 Quellen zur Gründungsgeschichte der Naturwissenschaftlichen Fakultät in Tübingen
1859–1863. Bearbeitet und herausgegeben von Wolf Freiherr von Engelhardt und
Hansmartin Decker-Hauff. Tübingen 1963, p. 8.

21 Das Hauptwerk der Kantischen Universitätsphilosophie ist das Spätwerk «Der Streit der
Fakultäten» von 1798. Immanuel Kants Werke. Herausgegeben von Ernst Cassirer.
Band VII. Berlin 1922, pp. 311–431.

22 a. a. O. p. 332, 336.

23 a. a. O. p. 338.

24 a. a. O. p. 330.

25 Zu Kants Universitätsphilosophie cf. die Abhandlung von Günther Bien: Kants Theorie
der Universität und ihr geschichtlicher Ort. In: Historische Zeitschrift. Heft 219/3 (1974),
pp. 551–577.

26 Cf. Anm. 16.

27 Antrittsrede in der Berliner Akademie der Wissenschaften (vom 19. Januar 1809). In:
Wilhelm vom Humboldt: Gesammelte Schriften. Herausgegeben von der Königlich
Preussischen Akademie der Wissenschaften. Band III, pp. 219–221, p. 220.

28 Cf. dazu die Schilderungen bei Thomas Nipperdey, a. a. O. (cf. Anm. 1), p. 473.

29 Cf. dazu Hans Geisser: David Friedrich Strauss als verhinderter (Zürcher) Dogmatiker.
In: Zeitschrift für Theologie und Kirche 69 (1972), pp. 214–258.

30 Cf. dazu Helmuth Plessner (Hrsg.): Untersuchungen zur Lage der deutschen Hochschullehrer. Drei Bände. Göttingen 1956. Band 1: Nachwuchsfragen.

31 Nach Thomas Nipperdey, a. a. O. (Anm. 1), p. 473.

32 Johann Gottlieb Fichte, a. a. O. (cf. Anm. 11), p. 246.

33 Max Lenz: Geschichte der Königlichen Friedrich-Wilhelms-Universität zu Berlin. Zweiter Band. Erste Hälfte. Ministerium Altenstein. Halle a. d. S. 1910, p. 81.

34 Cf. dazu Reinhart Koselleck: Preussen zwischen Reform und Revolution. Allgemeines
Landrecht, Verwaltung und soziale Bewegung von 1791–1848. Stuttgart [2]1975, pp. 52 ff.

35 So Altenstein in seiner Rigaer Denkschrift: «Aus der Denkschrift Altensteins für Har-
denberg. Riga, den 11. September 1807», in: Ernst Müsebeck: Das Preussische Kultusministerium vor hundert Jahren. Stuttgart, Berlin 1918, pp. 241–270, p. 243.

36 R. Steven Turner, a. a. O. (cf. Anm. 5), p. 240.

37 Cf. hierzu Karlfried Gründer: Zur Philosophie des Grafen Paul Yorck von Wartenburg.
Aspekte und neue Quellen. Göttingen 1970, pp. 92 ff.: Die Katharsis-Schrift.

38 Cf. hierzu Otto H. Schindewolf: Wesen und Geschichte der Paläontologie. Berlin 1948,
p. 89.

39  Zu Alexander von Humboldt cf. Adolf Maier-Abich: Alexander von Humboldt in Selbst-
    zeugnissen und Bilddokumenten. Reinbek b. Hamburg 1967.
40  Joseph Ben-David: The scientists' role in society. Englewood Cliffs, New Jersey 1972,
    p. 124.
41  Abraham Flexner: Universities. American, English, German. London, Oxford, New York
    1968 (Copyright New York 1930), pp. 305 ff.: «German Universities».
42  So Clark Kerr: Remembering Flexner. In: a. a. O. pp. VII–XX.
43  Lord Annan: Die englische Universität in Vergangenheit und Gegenwart. In: Lord
    Annan, Michel Deveze, Hermann Lübbe: Universität gestern und heute. Salzburg-Mün-
    chen 1973, pp. 7–22, p. 14.
44  R. Steven Turner, a. a. O. (cf. Anm. 5), p. 233.
45  Einige Episoden aus der wissenschaftlichen Biographie von Emil Du Bois-Reymond
    habe ich zur Veranschaulichung des damaligen Hochgefühls akademisch-naturwissen-
    schaftlicher Intelligenz in meiner Abhandlung «Wissenschaft und Weltanschauung.
    Ideenpolitische Fronten im Streit um Emil Du Bois-Reymond» erzählt. In: Hermann
    Lübbe: Die Aufdringlichkeit der Geschichte. Herausforderungen der Moderne vom
    Historismus bis zum Nationalsozialismus. Graz, Wien, Köln 1989, pp. 257–274.
46  Cf. hierzu meine wissenschaftskulturgeschichtliche Interpretation dieses Vorgangs in
    meinem Aufsatz «Die Wahrheit wird Euch frei machen», in: Réflexion sur la liberté
    humaine. Mélanges offerts à André Mercier à l'occasion de son 75e anniversaire. Édité
    par Maja Svilar. Frankfurt a. M., New York, Paris 1988, pp. 65–81.
47  Cf. exemplarisch Eidgenössische Technische Hochschule Zürich. 1955–1980. Festschrift
    zum 125jährigen Bestehen. Herausgegeben vom Rektor der ETH Zürich und redigiert
    von Jean-François Bergier und Hans Werner Tobler. Zürich 1980.
48  Thomas Nipperdey, Ludwig Schmugge: 50 Jahre Forschungsförderung in Deutschland.
    Ein Abriss der Geschichte der Deutschen Forschungsgemeinschaft 1920–1970. Berlin
    1970.
49  So 1980. Cf. dazu Schweizerischer Handels- und Industrie-Verein. Forschung und Ent-
    wicklung in der schweizerischen Privatwirtschaft. Bericht zur 4. Erhebung des Vororts
    über das Jahr 1980, p. 15.
50  Als frühes Dokument der Beschäftigung mit dieser neuen modernitätsspezifischen Be-
    findlichkeit cf. Edward Shils: Anti-Science: Observations on the recent «crisis» of science.
    In: Civilization and Science – in Conflict or Collaboration? Ciba Foundation Symposium
    I (new series). Amsterdam, London, New York 1973, pp. 33–59. Ferner: Stephen Toul-
    main: The historical background to the anti-science movement. In: a. a. O. pp. 23–32.
51  Dieser Analyse habe ich mein Buch «Der Lebenssinn der Industriegesellschaft. Über die
    moralische Verfassung der wissenschaftlich-technischen Zivilisation. Berlin, Heidelberg,
    New York, London, Paris, Tokyo, Hong Kong 1990» gewidmet.

# Physik und Physiker im Dritten Reich

*Armin Hermann*

Das Rahmenthema «Wissenschaft und politische Macht» wird hier am Beispiel der Physik und der Physiker im Dritten Reich behandelt. Im ersten Teil geht es um das Verhältnis von Wissenschaft und politischer Macht, wie es sich *bis* 1933 in Deutschland ausgebildet hat. Im zweiten Teil werden die ganz anderen Massstäbe des Dritten Reiches behandelt. Im dritten Teil, dem Hauptstück, sollen die Ereignisse von 1933 bis 1939 beleuchtet werden und im vierten und letzten Teil schliesslich die Kriegsjahre.

## I.

Die Männer, die Anfang des 17. Jahrhunderts die neuzeitliche Naturwissenschaft begründeten, sahen als Aufgabe ihrer «Nuova Scienza» Einsicht zu gewinnen in Gottes Schöpfungsgeheimnis und zugleich, durch Anwendung der gefundenen Naturgesetze auf Maschinen und Gewerbe, die Lebensbedingungen der Menschen zu verbessern.

An schönen Ergebnissen in der reinen Wissenschaft mangelte es nicht. Viel schwieriger waren die Erfolge in der Anwendung. Die Pluspunkte wurden immer wieder verdunkelt von eklatanten Misserfolgen. Leonhard Euler berechnete für die Springbrunnen im Schlossgarten von Sanssouci ein Wasserhebewerk. Aber Friedrich der Grosse spottete, die Anlage sei nach den höchsten Prinzipien der Wissenschaft gebaut, liefere aber trotzdem keinen Tropfen Wasser.

Aber der Umschwung hatte schon begonnen. 1791 wurde dem Chemiker Nicolas Leblanc ein Verfahren patentiert, um aus Kochsalz das begehrte Soda zu gewinnen. Die Erfindung war nur möglich durch die Fortschritte der wissenschaftlichen Chemie in Frankreich, und sie erlangte ausserordentliche wirtschaftliche Bedeutung.

1840 forderte der streitbare Chemiker Justus Liebig vom preussischen

Staat eine besondere Förderung der Chemie und den Bau eigener chemischer Institute an den Universitäten. Der Staat habe die Pflicht, argumentierte er, diejenigen Wissenschaften besonders zu pflegen, «aus denen sich nicht allein ein höherer Grad des geistigen, sondern auch gleichzeitig die höchste Stufe des materiellen Wohls entwickeln» lasse.[1]

Als zweites Feld industrieller Tätigkeit entwickelte sich aus einem Teilgebiet der Physik, der Lehre vom Elektromagnetismus, die Schwachstrom-Elektrotechnik (oder Telegraphie), weiter die Starkstrom-Elektrotechnik und schliesslich die drahtlose Telegraphie und Rundfunktechnik.

Noch 1840 hatte sich Justus Liebig über die Zurücksetzung der Naturwissenschaften durch die Kultusministerien beklagt. Davon konnte bald keine Rede mehr sein. Seit 1865 und verstärkt seit 1871 begann geradezu eine Welle von Institutsneubauten; ausnahmslos jede deutsche Universität und Technische Hochschule erhielt ein Institut für Physik und eines für Chemie. Die neuen Institute waren grösser und besser ausgestattet, als die Gelehrten es eine Generation zuvor gefordert hatten.

Nach der Jahrhundertwende wurden im Preussischen Kultusministerium Pläne diskutiert, noch grössere Institute zu schaffen, die nur der Forschung dienen und folglich ausserhalb der Universitäten stehen sollten.

1905 hatte Philipp Lenard den Nobelpreis für Physik erhalten, und deshalb wurde er um ein Gutachten gebeten. Lenard argumentierte, die grossen technischen Innovationen kämen heutzutage nur noch aus der Wissenschaft. Die Entwicklungsgeschwindigkeit der Technik bestimme sich daher aus der Entwicklungsgeschwindigkeit der Naturwissenschaft: «Es erwächst hieraus dem Staate, dessen Macht auf seine technischen Leistungen sich stützt, die Aufgabe der planmässigen Förderung der Naturforschung.»[2]

Der Staat hat diese Aufgabe durchaus gesehen und wahrgenommen. 1911 kam es zur Gründung der Kaiser-Wilhelm-Gesellschaft und in kürzester Zeit zur Errichtung grosser Forschungsinstitute für Chemie, für Physikalische Chemie, für Experimentelle Therapie und für Biologie. Erster Präsident der Kaiser-Wilhelm-Gesellschaft wurde der Kirchenhistoriker Adolf von Harnack. In einer stilistisch wie inhaltlich glänzenden Denkschrift hatte er 1909 noch einmal alle Argumente zusammengefasst, weshalb die Naturwissenschaften gefördert werden müssten. Besonderen Nachdruck legte er auf das nationale Prestige, das wissenschaftliche Entdeckungen einbringen. Die Spitzenstellung in der Wissenschaft habe für das Deutsche Reich nicht nur einen ideellen, sondern einen enormen politischen und nationalen Wert.[3]

In der patriotischen Gefühlsaufwallung bei Ausbruch des Ersten Weltkriegs identifizierten sich die deutschen Gelehrten vorbehaltlos mit der

Staatsführung und ihren Zielen. Sie empfanden es als Aufgabe, mit ihrer Wissenschaft dem Vaterlande zu dienen. Fast alle an den Universitäten und Technischen Hochschulen tätigen Naturwissenschaftler und Ingenieure übernahmen kriegswichtige Aufträge. Ohne die Leistungen der deutschen Chemiker in der Entwicklung neuer Verfahren für dringend benötigte Substanzen und in der Herstellung von Ersatzstoffen hätte die alliierte Wirtschaftsblockade das Deutsche Reich schon nach wenigen Monaten zur Kapitulation gezwungen. Als sich zeigte, dass die erstarrten Fronten im Westen von der Artillerie nicht mehr in Bewegung gebracht werden konnten, kam Fritz Haber auf den unseligen Gedanken, den Feind durch den Einsatz von Giftgas aus den Unterständen zu treiben.

Schon im Kriege und mehr noch nach dem Kriege gab es eine Diskussion, ob es gerechtfertigt sei, eine solche barbarische Waffe zu entwickeln und anzuwenden. Fritz Haber aber kam zum Ergebnis, dass bei rechtzeitiger Vorbereitung *vor* dem Kriege die Gaswaffe dem Deutschen Reich das militärische Übergewicht hätte verschaffen können. Er forderte 1920 im Reichswehrministerium für die Zukunft einen engen Gedankenaustausch «zwischen dem Offizier und dem Naturwissenschaftler und Techniker». Mit anderen Worten: In der Rüstungstechnik sollte die Wissenschaft eine viel grössere Aufgabe übernehmen als bisher.[4]

In einer Bestandsaufnahme konstatierten 1920 die deutschen Gelehrten, dass sich die Wissenschaft im Kriege «als starke Stütze unserer Kraft und Wirtschaft erwiesen» habe und jetzt in der Nachkriegszeit «vielleicht das Einzige» sei, um das die Welt «Deutschland noch beneide».[5] Daraus folgte als nationale Pflicht, die Wissenschaft zu unterstützen. Obwohl die Wissenschaft traditionell Angelegenheit der einzelnen Länder war, beteiligte sich jetzt das Reich an der Finanzierung. Dies geschah in sehr wirkungsvoller Weise durch die neugegründete «Notgemeinschaft der Deutschen Wissenschaft», die heutige «Deutsche Forschungsgemeinschaft».

Die Notgemeinschaft hatte erhebliches Verdienst daran, dass sich die deutsche Wissenschaft und insbesondere die Physik auf ihrer alten Höhe behaupten konnte. Noch mehr: Allen politischen und finanziellen Widrigkeiten zum Trotz kam es in der Physik – insbesondere durch die Entwicklungen in der Theorie – zu einer neuen Blüte. 1933 wurde dieser Epoche gewaltsam ein Ende bereitet durch die Vertreibung der jüdischen Gelehrten. Nostalgisch sprachen deutsche Physiker vom untergegangenen «goldenen Zeitalter der deutschen Physik». Nüchterner konstatierte damals Samuel Goudsmit: «They soon will be a nation of the 5th rank as far as scientific culture is concerned».[6]

Wir sind damit am Ende des ersten Teiles und fassen noch einmal zusammen: Von 1871 bis 1933 erlebten die Deutschen zwei verschiedene

Staatsformen: das Kaiserreich und die Weimarer Republik. Bezüglich der
hohen Schätzung der Wissenschaft änderte sich nichts. Gelehrte und politisch Verantwortliche stimmten nach wie vor überein, dass die Wissenschaft
eine wichtige Rolle im Staat zu spielen hat. Auch die Argumente, warum
die Wissenschaft zu fördern ist, änderten sich nicht.

## II.

Wir kommen nun zum Dritten Reich und den in jeder Beziehung
anderen Massstäben. Im Denken der Nationalsozialisten existierte die
Wissenschaft nicht; für ihre Bedeutung hatten sie kein Verständnis. Noch
schlimmer: Viele Parteiführer waren gescheiterte Existenzen und hegten
Ressentiments gegen die Gelehrten. «Zwerge mit nichts als Wissen», pfleg-
te Hitler zu sagen. Ein scharfes Licht auf Hitlers Auffassung wirft ein Brief
von Johannes Stark an Philipp Lenard, geschrieben am 20. April 1933. Bei
beiden handelte es sich um Nobelpreisträger und in der Wolle gefärbte
Nationalsozialisten. Ich zitiere den erstaunlich klarsichtigen Brief Starks an
Lenard:

*Leute wie ich und Sie sind im nationalsozialistischen Führerkreis nicht
geschätzt. Erstens sind wir alt und allein schon darum minderwertig;
zweitens haben wir etwas geleistet und dies empfinden viele in der
Umgebung Hitlers als einen Vorwurf für sich; drittens sind wir Männer
der Wissenschaft, denen nicht grosse Worte, sondern nur klare Erkenntnisse imponieren, und Wissenschaft ist Hitler grundsätzlich un-
sympathisch.*[7]

Die Herabwürdigung der Wissenschaft durch den Nationalsozialismus
war also so krass, dass selbst ein derart engagierter Parteigänger darüber
aufgebracht war. Diese Herabwürdigung der Wissenschaft wird deutlich,
wenn wir uns noch einmal die Aufgaben vergegenwärtigen, die man *vor*
1933 für die Wissenschaft gesehen hatte. Da war als erstes Bündel von
Aufgaben die Erkenntnisgewinnung als Kulturaufgabe, die Verbreitung der
Erkenntnis in weiteren Schichten als Volksbildungsaufgabe und das nationale Prestige, das wissenschaftliche Entdeckungen einbrachten. Für die
Nationalsozialisten aber galt gerade in der Physik neue Erkenntnis zumeist
als jüdische Geistesentartung, deren Verbreitung als Vergiftung des Volkes
und das Prestige nur inszeniert von der Judenpresse. Adolf Hitler schrieb
im *Völkischen Beobachter* von 1921:

*Wissenschaft, einst unseres Volkes grösster Stolz, wird heute gelehrt durch Hebräer, denen … diese Wissenschaft nur Mittel ist … zur bewussten planmässigen Vergiftung unserer Volksseele und dadurch zur Herbeiführung des inneren Zusammenbruchs unseres Volkes.*[8]

Wie stand es mit dem zweiten Bündel von Aufgaben für die Wissenschaft, ihrer Bedeutung für Industrie und Rüstung? Es versteht sich von selbst, dass für einen Nationalsozialisten die «entartete Wissenschaft» auch in der Technik nicht nützlich sein konnte. Hitler hat überhaupt den Zusammenhang von Naturwissenschaft und Technik nicht gesehen. Für ihn war die Technik schlicht «Nachahmung der Natur». In der Antike und im Mittelalter hatten die Menschen tatsächlich die Technik als eine «imitatio naturae» betrachtet. Seit Galilei aber sagen wir: Die Technik ist die Anwendung der Gesetze der Natur zum Nutzen des Menschen. Es sind durchaus Erfindungen möglich, für die es in der Natur kein Vorbild gibt.

Nach dem Gesagten begreift man: Die Vertreibung der jüdischen Gelehrten durch das sogenannte «Gesetz zur Wiederherstellung des Berufsbeamtentums» wurde von den echten Nationalsozialisten als eine Reinigung des deutschen Geisteslebens empfunden.

Der Aderlass für die deutsche Wissenschaft war ungeheuer. Aus einer unvollständigen Aufstellung von 1937 geht hervor, dass von 7758 Mitgliedern des Lehrkörpers der deutschen Universitäten und Technischen Hochschulen allein bis zum Wintersemester 1934/35 1145 Professoren und Dozenten, das heisst 15 Prozent, entlassen worden waren. In der Physik lagen die Zahlen höher. Insgesamt hat etwa ein Viertel der Intelligenz das Land verlassen. Auf die geistige Emigration folgte, teilweise dadurch bedingt, ein scharfer Rückgang der Studentenzahlen an den deutschen Hochschulen auf die Hälfte, von 112 000 im Jahr 1929 auf 56 000 im Jahr 1939. Dieser Rückgang betraf nicht etwa nur die Geisteswissenschaften, sondern auch die Natur- und Ingenieurwissenschaften.

Es erfüllt sich damit fast wörtlich die Schreckensvision, die Adolf von Harnack 1920 vor Abgeordneten des Deutschen Reichstages ausgemalt hatte:

*Wenn ein Jahrzehnt oder mehr die kontinuierliche Entwicklung der Wissenschaft unterbrochen wird, so geht die Wissenschaft daran zugrunde: die strenge Methode, die sich nur im persönlichen Kontakte von Geschlecht zu Geschlecht überträgt, geht verloren, und das deutsche Volk muss nach einem Menschenalter seine Söhne ins Ausland schicken, wo sie leicht dem Vaterlande verlorengehen. Und es wird ungeheurer Opfer bedürfen, um mühsam wieder aufzubauen.*[9]

Bekanntlich ist es genau so gekommen. Einspruch erhoben gegen die Vertreibung der jüdischen Gelehrten haben damals in getrennten Audienzen beim neuen Reichskanzler Carl Bosch und Max Planck.

Der Industriechemiker Carl Bosch schilderte dem «Führer» den Boykott deutscher Waren im Ausland und kam von da auf die Ursache: die Verfolgung und Vertreibung der Juden. Das Reich habe seinen jüdischen Mitbürgern viel zu verdanken, auch die Spitzenstellung in der Wissenschaft. Wenn man die Juden jetzt zur Auswanderung dränge, könne es leicht geschehen, dass man einhundert Jahre brauche, bis man den Schlag überwunden habe.

Hier fiel ihm Hitler ins Wort: «Davon verstehen Sie nichts!» Hitler hielt nun einen seiner berüchtigten Monologe über den schädlichen Einfluss der Juden und die wahren Quellen der Volksgesundheit. Verstört berichtete der grosse Chemiker einigen Kollegen, Hitler habe ihm tatsächlich gesagt: «Dann arbeiten wir eben einmal hundert Jahre ohne Physik und Chemie.»

Soweit der Bericht, der erst nach 1945 durch Hörensagen bekannt wurde. Er muss darum mit Vorsicht aufgenommen werden. Die Schilderung besitzt aber eine gewisse innere Wahrscheinlichkeit. In seiner programmatischen Schrift *Mein Kampf* hatte Hitler ausdrücklich die Industrie und den Export als «falschen Weg» für die Lebenssicherung des deutschen Volkes bezeichnet. Die «ungesunde führende Stellung von Industrie und Handel» müsse beseitigt und der Bauernstand wieder werden, was er in glücklicheren Zeiten gewesen: wirtschaftlich und geistig das Fundament der Nation.

Über die Audienz Plancks haben wir einen Bericht von Planck selbst, abgedruckt 1946 in den *Physikalischen Blättern*. Wir besitzen dazu einen Brief Heisenbergs, geschrieben einen knappen Monat nach dem Besuch Plancks bei Hitler am 16. Mai 1933.

Ich zitiere aus dem späteren Bericht Plancks: «Nach der Machtergreifung ... hatte ich als Präsident der Kaiser-Wilhelm-Gesellschaft die Aufgabe, dem Führer meine Aufwartung zu machen. Ich glaubte, diese Gelegenheit benutzen zu sollen, um ein Wort zu Gunsten meines jüdischen Kollegen Fritz Haber einzulegen, ohne dessen Verfahren zur Gewinnung von Ammoniak aus dem Stickstoff der Luft der vorige Krieg von Anfang an verloren gewesen wäre.»[10] Planck argumentierte dann weiter: Es sei für Deutschland «geradezu eine Selbstverstümmelung, wenn man wertvolle Juden nötigen würde auszuwandern, weil wir ihre wissenschaftliche Arbeit nötig brauchen und diese sonst ... dem Ausland zugute komme.»

Nach dem Bericht von 1946 liess sich Hitler auf keine Diskussion ein, steigerte sich vielmehr in einen wütenden Monolog, so dass Planck nichts

Festakt zum 25jährigen Jubiläum der Kaiser-Wilhelm-Gesellschaft am 11. Januar 1936 im Goethe-Saal des Harnack-Hauses in Berlin. Am Rednerpult Max Planck, der Präsident der Gesellschaft. Bildnachweis: Archiv zur Geschichte der Max-Planck-Gesellschaft, Berlin.

übrig blieb, als sich zu verabschieden. Ende Mai 1933 hat der junge Heisenberg den damals 75jährigen Planck besucht und darüber am 2. Juni an Max Born geschrieben:

*Ich war … bei Planck in Berlin und hab' mit ihm über die Frage gesprochen, was wir für die Physik tun können. Planck hat … mit dem Haupt der Regierung gesprochen und die Zusicherung erhalten, dass über das neue Beamtengesetz hinausgehend nichts von der Regierung unternommen werde, das unsere Wissenschaft erschweren könnte.*[11]

Diese authentische Quelle weicht etwas von Plancks späterem Bericht ab. Es ist nicht unplausibel, dass Hitler zur Beruhigung Plancks eine solche Zusicherung gemacht hat. Wie man weiss, war Hitler im Geben und Brechen von Zusicherungen ganz gewissenlos.

Insgesamt zeigt der Brief Heisenbergs grosse Illusionen über das Regime und seine wahren Absichten. Kein Wunder: Heisenberg war in der Physik genial, in der Politik naiv. Bei seinen Kollegen sah es nicht viel besser aus. Wirklich gekümmert um die politischen Vorgänge und die Zielsetzungen der Parteien hatte sich kaum ein Physiker. Man solle sich nicht in die politischen Auseinandersetzungen hineinziehen lassen, meinte man allgemein. Typisch war die Auffassung Laues, wie er sie in einem Brief an Einstein äusserte: «Der politische Kampf fordert andere Methoden und andere Naturen als die wissenschaftliche Forschung.»[12] Mit Recht hielt Einstein seinem Freund Laue im Mai 1933 entgegen, dass die politische Abstinenz der geistig führenden Schichten die Machtergreifung erst ermöglicht hatte. Einstein bescheinigte den deutschen Intellektuellen «Mangel an Verantwortungsgefühl».[13]

Was die Physiker in Deutschland betraf, besassen sie durchaus Verantwortungsgefühl. Es bezog sich jedoch, insofern hat Einstein Recht, *nicht* auf die res publica, sondern nur auf ihre Wissenschaft.

## III.

Wir kommen nun zum Hauptteil des Vortrages, den Ereignissen in der Physik von 1933 bis 1939.

Jubelnd begrüsst wurde die Machtergreifung von zwei Nobelpreisträgern der Physik, Philipp Lenard und Johannes Stark. Beide hatten sich schon hinlänglich als unsachliche Gegner der modernen Theorien bekannt gemacht. Sie hatten versucht, eine alternative Physik zu entwickeln, die sie «arische Physik» oder «Deutsche Physik» nannten.

Bisher hatten Stark und Lenard keinen rechten Erfolg gehabt mit ihren obskuren Thesen. Jetzt konnten sie sich auf Partei- und Staatsinstanzen stützen. In der Abwehr dieser Bestrebungen zeigten die Physiker in Deutschland Mut und eine bemerkenswerte Geschlossenheit. Sie operierten dabei mit den alten und prinzipiell auch richtigen Argumenten über die Bedeutung der Physik für Wirtschaft und Rüstung sowie das Ansehen Deutschlands in der Welt. Diese Argumente hatten jedoch keine Geltung für einen überzeugten Nationalsozialisten.

Bekanntlich hat sich die Weltanschauung Hitlers unmittelbar nach dem Ersten Weltkrieg geformt. Das gilt generell für die nationalsozialistische Ideologie und insbesondere für die «Deutsche Physik». Der charakteristische Name «Deutsche Physik» wurde allerdings erst 1936 von Philipp Lenard geprägt. Nach jahrzehntelanger Lehrtätigkeit als Ordinarius in Heidelberg war Lenard 1931 mit 69 Jahren emeritiert worden. 1936 begann er mit der Publikation seiner Vorlesungen. Er gab dem vierbändigen Werk den Titel *Deutsche Physik* und definierte im Vorwort zu Band 1:

*«Deutsche Physik?» wird man fragen. – Ich hätte auch arische Physik
oder Physik der nordisch gearteten Menschen sagen können, Physik
der Wirklichkeitsergründer, der Wahrheit-Suchenden, Physik derjenigen, die Naturforschung begründet haben. – «Die Wissenschaft ist und
bleibt international!» wird man mir einwenden wollen. Dem liegt aber
immer ein Irrtum zugrunde. In Wirklichkeit ist die Wissenschaft, wie
alles, was Menschen hervorbringen, rassisch, blutmässig bedingt.*[14]

Soweit die These Lenards von der rassemässigen Grundlage der «Deutschen Physik». Es ist ihm und seinen Anhängern jedoch nicht gelungen,
tatsächlich eine Alternative zur modernen Physik zu schaffen. Bei der
«Deutschen Physik» handelt es sich lediglich um die alte, klassische Physik,
wie Lenard und Stark sie in ihrer Jugend gelernt hatten, wozu noch die
neuentdeckten Erfahrungstatsachen kamen. Diese aber blieben unerklärt.
Recht krampfhaft bemühte sich Lenard, das Ergebnis des Michelson-Versu-
ches und die in der Speziellen Relativitätstheorie zusammengefassten Tatsachen auf mechanische Wirkungen des Äthers zurückzuführen. Falls der
Äther zur mechanischen Erklärung nicht ausreichen sollte, war Lenard
bereit, hinter dem Äther noch einen Uräther anzunehmen. Damit aber zeigte er, dass er die Entwicklung der letzten 30 Jahre nicht verstanden hatte.
Es gibt zwei Möglichkeiten, die «Deutsche Physik» zu beurteilen: durch
eine physikalische Wertung oder durch Methoden der Soziologie. Insgesamt wird man feststellen, dass es eine wissenschaftliche Diskussion und
Kommunikation zwischen den Anhängern der «Deutschen Physik» gar
nicht gegeben hat. Lenards Interesse war der Äther, Stark aber kümmerte
sich nur um die Konstitution der Atome.
Alles in allem nahmen die Physiker die «Deutsche Physik» und ihre
Begründer Stark und Lenard in den zwanziger Jahren nicht recht ernst.
Es hiess über die beiden: «Was man nicht verstehen kann, sieht man
drum als jüdisch an.» Als 1923 an der Universität Berlin eine mögliche
Berufung Philipp Lenards diskutiert wurde, äusserte sich Planck sehr
entschieden über dessen Einseitigkeit: «Das Schlimme ist, dass er das
nicht fühlt, dass er vielmehr subjektive Anschauungen mit objektiven
Tatsachen verwechselt.»[15] 1928 kam es, als die Nachfolge von Wilhelm
Wien in München anstand, zu einem vernichtenden Votum der Fakultät
über Johannes Stark:

*Ein Mann seiner Einstellung ist nicht in der Lage, als Leiter eines
Universitätslaboratoriums zu wirken, dessen wichtigste Obliegenheit die
Erziehung junger Forscher zur Mitwirkung an der Entwicklung ihres
Faches, zur wissenschaftlichen Objektivität und Selbstkritik bildet.*[16]

Mit der Machtergreifung war die Zeit vorüber, in der man die beiden Herren durch strenge Sachlichkeit abfertigen konnte. Johannes Stark aber jubelte in einem Brief an Philipp Lenard: «Endlich ist die Zeit gekommen, da wir *unsere* Auffassung von Wissenschaft und Forschern zur Geltung bringen können.»[17] Es musste den beiden Ideologen jetzt darum gehen:

a) ihre Anhänger auf Professuren zu bringen, um von dort die Studenten im Sinne der «Deutschen Physik» zu erziehen,

b) die profiliertesten Gegner abzuschiessen, um den Rest zu entmutigen und zum Einschwenken auf die «Deutsche Physik» zu veranlassen,

c) entscheidende Ämter in die Hand zu bekommen, um direkt Einfluss auf die Wissenschaft nehmen zu können.

Wir werden sehen, dass Lenard und Stark durchaus Erfolge erzielten bei der Verwirklichung ihres Programmes, dass es aber grosse Widerstände gab und der Kampf letztlich unentschieden blieb. Es sei zunächst geschildert, wie weit Lenard und Stark gekommen sind in der Verfolgung ihrer Ziele; dann sollen die Widerstände behandelt werden, die sich ihnen entgegenstellten.

Zunächst also zum Programm von Lenard und Stark und zwar zu Punkt a): Die Anhänger der «Deutschen Physik» auf Professuren zu bringen.

Sofort nach der Machtergreifung schrieb Johannes Stark an den neuen Reichsinnenminister Wilhelm Frick, und Lenard wandte sich mit dem gleichen Petitum an Adolf Hitler:

*Der Herr Reichskanzler möge die Unterrichts-Minister der deutschen Länder beauftragen, in allen Hochschul-Personalfragen, Naturwissenschaften und Mathematik betreffend, vor Entscheidung meinen Rat einzuholen, den ich ... nach dem obersten Gesichtspunkt Deutscher Erneuerung geben würde.*[18]

Tatsächlich erhielt Lenard eine derartige Zusage, und es ist auch in vielen Fällen entsprechend verfahren worden. Ein Beispiel: Als der Sommerfeld-Schüler Peter Paul Ewald seinen Lehrstuhl für theoretische Physik an der TH Stuttgart aus politischen Gründen aufgab und emigrierte, hiess es im Berufungsvorschlag der Hochschule:

*Die Professur war bisher von Professor Ewald ganz im Sinne einer rein abstrakten Richtung der Physik versehen, wie sie durch den Einfluss jüdischen Geistes in dieser Wissenschaft an deutschen Hochschulen sich breitgemacht hatte. Die Erledigung der Professur macht es zur*

*Pflicht, eine dieser fremden Geistesrichtung entgegengesetzte arische Naturwissenschaft wieder zur Geltung zu bringen.*

Auf dem Aktenstück notierte dann auch noch der württembergische Kultusminister Mergenthaler:

*In enger Verbindung mit Geheimrat ... Lenard, dessen Urteil ich als allein entscheidend anerkenne, halte ich Professor Schmidt, Heidelberg, für den richtigen Mann.*[20]

Tatsächlich wurde ein Schüler und langjähriger Assistent Lenards als Ordinarius nach Stuttgart berufen. Durch die Vertreibung der jüdischen Gelehrten gab es ungewöhnlich zahlreiche Berufungsverfahren, und entsprechend gewichtig war der Einfluss Lenards. In vielen Fällen ging es aber auch ohne Einwirkung der Ideologen nach sachlichen Gesichtspunkten.

Zu langen Auseinandersetzungen kam es auch bei der Nachfolge von Arnold Sommerfeld. Durch seine grossen Leistungen als Forscher und noch mehr als Lehrer war sein Lehrstuhl an der Universität München der wichtigste für die theoretische Physik in Deutschland. Die Universität München wollte Werner Heisenberg, den Meisterschüler Sommerfelds, zum Nachfolger. Der Reichsdozentenführer aber lehnte kategorisch «im Einvernehmen mit dem Stellvertreter des Führers eine Berufung Heisenbergs nach München unter allen Umständen ab». Sommerfeld hatte sich in berechtigtem wissenschaftlichem Stolz den besten Nachfolger gewünscht, erhielt jedoch den «denkbar schlechtesten». Es war nicht einmal ein theoretischer Physiker, wohl aber ein strammer Ideologe. «Die Berufung dieses Mannes muss als völlig sinnlos angesehen werden», urteilte ein Kollege, «wenn man nicht etwa den Sinn darin sehen will, dass zerstört werden soll.»[21]

Was ist nun das Resümee zum Thema Personalpolitik auf dem Gebiete der Physik während des Dritten Reiches? Viele bedeutende Forscher hatten das Land verlassen müssen. Dazu gehörten weltberühmte Gelehrte wie Einstein, Franck, Born, Meitner und Stern, und Nachwuchskräfte, die die Physik der nachfolgenden vierziger und fünfziger Jahre gestalteten wie Hans Bethe, Otto Robert Frisch und Rudolf Peierls. Insgesamt war ein Qualitätsverlust eingetreten, besonders spürbar bei der theoretischen Physik, wo eine Reihe von Professoren aus politischen Gründen berufen worden war und wo man auch Stellen gestrichen hatte.

Insgesamt war aber die scientific community nach wie vor entschieden gegen die «Deutsche Physik» eingestellt. Von einem Umschwung konnte keine Rede sein.

Wir kommen damit zu Punkt b) des Lenard-Starkschen Programms: die profiliertesten Gegner «abzuschiessen», damit die übrigen zu entmutigen und zum Einschwenken auf die «Deutsche Physik» zu veranlassen.

Das «Gesetz zur Wiederherstellung des Berufsbeamtentums» und die anderen nach der Machtergreifung ergriffenen Massnahmen richteten sich vor allem gegen die Juden. Lenard und Stark begrüssten dieses Vorgehen, aber es ging ihnen nicht weit genug. Da gebe es Leute wie Arnold Sommerfeld und Werner Heisenberg, die über die schönsten Ariernachweise verfügten, aber nach wie vor jüdische Theorien propagierten. So wurde der Begriff des «Weissen Juden» geprägt. «Weisser Jude» sollte bedeuten, dass es sich zwar um einen Arier handelte, aber einen solchen, der wie ein Jude dachte, wie ein Jude handelte und deshalb ebenso verschwinden musste wie die Juden selbst.

Angriffe gegen die «Weissen Juden» erschienen in den *NS-Monatsheften*, im *Völkischen Beobachter* und im *Schwarzen Korps*, der Zeitschrift der SS. Im *Schwarzen Korps* schrieb Johannes Stark:

*Heisenberg vertritt … auch heute noch die Grundeinstellung der jüdischen Physik, ja er erwartet sogar, dass die jungen Deutschen diese Grundeinstellung sich zu eigen machen und sich Einstein und dessen Genossen zum wissenschaftlichen Vorbild nehmen.*[22]

Heisenberg wurde mit den ärgsten Schimpfworten belegt, die in der Terminologie der Nationalsozialisten zur Verfügung standen: als «Weisser Jude», als «Ossietzky der Physik» und als «Geist vom Geiste Einsteins». Was diese Bezeichnungen bedeuten, kann man nur aus der Zeit verstehen. Heisenberg fühlte sich genötigt, sich an den Reichsführer der SS zu wenden, den berüchtigten Heinrich Himmler:

*Wenn die Ansichten des Herrn Stark mit denen der Regierung übereinstimmen, werde ich selbstverständlich um meine Entlassung bitten.*[23]

Ein ganzes Jahr untersuchte Heinrich Himmler. Dann teilte er Heisenberg mit, dass er den Angriff im *Schwarzen Korps* nicht billige und weitere Angriffe unterbunden habe. Gleichzeitig schrieb Heinrich Himmler an seinen engsten Mitarbeiter Reinhard Heydrich. Hier heisst es in schöner Direktheit, dass sie es sich nicht leisten könnten, «diesen Mann, der verhältnismässig jung ist und Nachwuchs heranbringen kann, zu verlieren oder tot zu machen». Und dann wird erklärt, wozu die SS Heisenberg unter Umständen brauchen könne.

Man denke an all die Denkschriften über die Bedeutung der Wissenschaft, an die von 1909 anlässlich der Gründung der Kaiser-Wilhelm-Gesellschaft oder die von 1920 bei der Gründung der «Notgemeinschaft der Deutschen Wissenschaft». Da hatte sich viel geändert! Himmler wollte Heisenberg «als guten Wissenschaftler zu einer Zusammenarbeit mit unseren Leuten von der Welteislehre bringen».[24]

Wer sich einmal mit der Welteislehre beschäftigt hat, weiss Bescheid. Es handelt sich um eine törichte Pseudowissenschaft, die damals in Kreisen der Halbgebildeten viele Anhänger besass. Zu ihnen gehörten auch Hitler, Himmler und andere Grössen. Auch dieses wirft ein ganz bezeichnendes Licht auf das Wissenschaftsverständnis der nationalsozialistischen Führer. Dazu eine kleine Abschweifung: Hitler wollte damals die Stadt Linz, die er als seine eigentliche Heimat ansah, zur grossen Donaumetropole ausbauen. Auf einem Berg sollte ein Monumentalgebäude als «Denkmal der drei grossen Weltbilder» entstehen. Welche drei Weltbilder? Das ptolemäische, das kopernikanische und das Weltbild von Hanns Hörbiger, dem Schöpfer der Welteislehre. Ein witziger Zeitgenosse kommentierte: Von der Astronomie auf die Medizin übertragen bedeute dies: Hippokrates, Paracelsus und Sanitätsgefreiter Neumann.

Zurück zu Himmler und seiner Untersuchung des Falles «Heisenberg». Wie schon gesagt, teilte er Heisenberg mit, dass er den Angriff in der Zeitschrift der SS gegen Heisenberg nicht billige und weitere Angriffe nicht zulassen werde. In der Auslegung dessen, was als «jüdischer Geist» anzusehen sei, folgte Himmler also den Vertretern der Deutschen Physik *nicht*.

Hier zeigte sich eine Besonderheit des Dritten Reiches. Es gab keine Diskussion über ideologische Fragen mit dem Ziel einer parteioffiziellen Festlegung, wie das etwa in der Sowjetunion zumindest zeitweise der Fall war. Zwar galt Alfred Rosenberg als Chefideologe, aber selbst Hitler machte sich im kleinen Kreis lustig über dessen schwülstige Gedankenwelt, wie sie in dem Buch *Mythus des 20. Jahrhunderts* zu finden war. Es hatte in der Hierarchie des Regimes Funktionäre, die den Thesen Lenards und Starks zustimmten, dass es eine «jüdische Physik» gebe, die man ausmerzen müsse. Es existierten aber auch andere Funktionäre, die mit der Entfernung der «Rassejuden» das Programm der Partei für erfüllt ansahen und die begriffen hatten, dass Werner Heisenberg ein hervorragender Forscher war, den man nicht vertreiben durfte.

Alle Funktionäre waren, zunächst jedenfalls, durchaus willens, Lenard und Stark in führende Positionen zu bringen. Damit sind wir bei Punkt c) des Programms von Lenard und Stark, ihrem Bestreben, massgebende Ämter in ihre Hand zu bekommen.

Lenard war bei der Machtergreifung 71 Jahre alt und besass für sich selbst keinen Ehrgeiz mehr. Ihm genügte es, seinen Einfluss bei den Stellenbesetzungen auszuüben. Stark aber hatte seit 1922 kein Amt in der Wissenschaft mehr innegehabt. Subjektiv verständlich drängte er den neuen Reichsinnenminister Wilhelm Frick und wurde zum 1. Mai Präsident der Physikalisch-Technischen Reichsanstalt. Im *Völkischen Beobachter* kommentierte Freund Lenard diese Ernennung als «eine entschiedene Abkehr von der schon als unvermeidlich betrachteten Vorherrschaft des ... Einstein-mässig zu nennenden Denkens.»[25]

Stark wollte sich nun auch bei der Physikertagung zum Vorsitzenden wählen lassen. Dem Führerprinzip entsprechend wollte er dann dieses Amt mit dem des Präsidenten der Reichsanstalt verschmelzen. Gleichzeitig wollte er das Zeitschriftenwesen reformieren, einen Generalredakteur für alle Zeitschriften einsetzen und dieses neue Amt bei der Reichsanstalt ansiedeln. Als Präsident der Reichsanstalt wäre Johannes Stark diesem Generalredakteur gegenüber weisungsberechtigt gewesen. Er hätte also das Erscheinen ihm missliebiger Aufsätze unterdrücken können.

Dieser Plan aber wurde durchkreuzt. Klug stellte Max von Laue als Vorsitzender der Deutschen Physikalischen Gesellschaft die Weichen in eine andere Richtung. Das war möglich, weil die Physiker in ihrer grossen Mehrheit Stark und seine Ziele ablehnten. Selbst wer womöglich Sympathien besass für das Führerprinzip, lehnte den Anspruch Starks ab, der Physik-Führer zu sein.

Stark musste seine Kandidatur zurückziehen. Seinem Ziel nahe kam er auf anderem Wege. Mitte 1934 wurde er Präsident der «Notgemeinschaft der Deutschen Wissenschaft», d. h. der heute «Deutsche Forschungsgemeinschaft» genannten Organisation. Bei dem damals üblichen Führerprinzip hatte Stark die Möglichkeit, alle ihm missliebigen Forschungsvorhaben (soweit Anträge an die Notgemeinschaft gestellt waren) abzuwürgen. Im Archiv der heutigen DFG finden sich Anträge von damals, bei denen auf die positiven Voten der Gutachter die Bemerkung folgt: «Präsident Stark verfügt Ablehnung.»[26]

In seiner Amtsführung geriet Stark aber sogleich wieder in Konflikte, diesmal mit den Spitzenbeamten des Reichsministeriums für Erziehung, Wissenschaft und Volksbildung. Wie vordem bei seinen Physikerkollegen galt er jetzt bei den Ministerialbeamten als grosser Polterer und Querkopf.[27] Ein Brief von Max von Laue an einen Kollegen beleuchtet die Situation:

*Dass er [Stark] für seine Stellung fürchtet, geht ja schon aus dem Besuch bei Planck hervor ... Bald darauf kam sein Gegenspieler Schumann zu Planck ... Jeder beschuldigte den anderen der schwär-*

*zesten Greueltaten in der Vergangenheit und der finstersten Pläne für
die Zukunft. Ich fürchte, sie haben beide Recht.*[28]

In der Tat waren die Gegenspieler Starks, der Ministerialdirektor
Rudolf Mentzel und der zuerst ebenfalls im Reichswissenschaftsministe-
rium und dann im Reichswehrministerium als Ministerialdirigent tätige
Erich Schumann skrupellose Funktionäre. Sie kämpften aus persönlichen
Gründen gegen Stark und verdrängten ihn schliesslich von der Leitung
der Notgemeinschaft. Für die Physiker waren Mentzel und Schumann
mächtige Verbündete. Werner Heisenberg, Hans Geiger und Max Wien
erhielten von Mentzel den offiziellen Auftrag, eine Denkschrift über die
Schädlichkeit der Starkschen Angriffe auf die moderne Physik vorzule-
gen:

*Die Physik in Deutschland befindet sich zur Zeit in einer schweren
Krise. Einem grossen Bedarf an Physikern in Technik und Heer steht
ein Mangel an geeignetem Nachwuchs gegenüber. Die Besetzung frei-
gewordener Lehrstühle begegnet oft grossen Schwierigkeiten, und die
Anzahl der Physikstudierenden in den jüngsten Semestern ist viel zu
gering. Diese ... Gefahren werden noch vermehrt durch die genannten
Angriffe ... Denn sie schrecken die Studenten allgemein vom Studium
der Physik ab, insbesondere aber die Physikstudenten vom Studium
der theoretischen Physik ... Schliesslich schädigen diese Angriffe das
Ansehen der deutschen Wissenschaft im Auslande.*[29]

Fast alle Physikprofessoren, 75 an der Zahl, unterschrieben 1936 dieses
Memorandum. Hier stehen wieder die alten richtigen Argumente für die
Bedeutung der Physik: der Bedarf für Technik und Heer, und die Bedeutung der Physik für das Ansehen der Nation. Bernhard Rust, der Reichsminister für Erziehung, Wissenschaft und Volksbildung, und seine Beamten
waren durchaus in der Lage, diese Argumente zu würdigen. Rust galt
jedoch als der Schwächste aller Reichsminister, und der Aerodynamiker
Ludwig Prandtl konstatierte gerade hier «Parteieinflüsse», gegen die «auch
Herr Reichsminister Rust machtlos» sei.

So antworteten denn auch die Ideologen auf dieses Memorandum mit
einer Verschärfung ihrer Angriffe. Über den besonders üblen Angriff im
*Schwarzen Korps* haben wir schon gesprochen. Die Hauptthese war hier,
dass die «Weissen Juden» ebenso verschwinden müssten wie die Juden
selbst.

Was war nun das Ergebnis der Agitation des kleinen, aber politisch
einflussreichen Kreises um Lenard und Stark? Wir wollen das Resümee für

die ersten sechseinhalb Jahre bis zum Kriegsausbruch am 1. September
1939 ziehen. Das Ergebnis war ein Sowohl-Als-auch:

a)  Die Vertreter der Deutschen Physik hatten einige Anhänger im Fach
etabliert, in anderen Fällen hatte aber die fachliche Qualifikation den
Hauptausschlag gegeben.

b)  Es schieden einige profilierte theoretische Physiker und Gegner der
«Deutschen Physik» aus ihren Ämtern wie Planck, Sommerfeld und
Laue. Dies konnte aber nur geschehen, weil diese die Altersgrenze
erreicht hatten.

c)  Johannes Stark konnte einige wichtige Ämter in die Hand bekommen. Er machte sich aber durch seinen schwierigen Charakter auch im
Kreise der NS-Funktionäre missliebig und verlor diese Ämter wieder.


## IV.


Wir kommen nun noch kurz auf die Entwicklung in den Jahren 1939–
1945.

Die Physiker betonten nun den Wert ihrer Wissenschaft für die Kriegs-
führung und den Schaden, den die Lenard-Gruppe den deutschen Rü-
stungsanstrengungen zufügte. Jetzt konnten sie mit etwas mehr Verständnis
in Kreisen von Partei und Staat rechnen.

Ende 1940 ergriff in Darmstadt der Physiker Wolfgang Finkelnburg die
Initiative. Ihm gelang es, die Reichsdozentenführung in München auf die von
der «Deutschen Physik» drohende Gefahr aufmerksam zu machen. Im Kriege könne sich das Reich diesen kräftezehrenden Konflikt nicht mehr leisten.
Finkelnburg war selber Dozentenführer an seiner Hochschule.

Am 15. November 1940 trafen im Ärztehaus in München Vertreter
beider Gruppen aufeinander. Auf Finkelnburgs Seite standen sechs bereits anerkannte jüngere Physiker, unter ihnen Carl Friedrich von Weizsäcker und Georg Joos. Auch die Ideologen auf der Gegenseite waren
durch die Nachwuchsgeneration vertreten. Von ihnen sei nur ein einziger
namentlich genannt, Wilhelm Müller, der Nachfolger Sommerfelds in
München.

Die Sitzung endete mit einem kläglichen Rückzug der Ideologen. Von
den ursprünglich sieben Anhängern der «Deutschen Physik» waren zur
Fortsetzung der Diskussion am Nachmittag die beiden grössten Demago-
gen nicht mehr gekommen. Die übriggebliebenen Teilnehmer an dem «Re-
ligionsgespräch», wie es bald genannt wurde, unterzeichneten ein Protokoll, in dem der Wert der Relativitätstheorie und der Quantentheorie
ausdrücklich konstatiert wurde.[30]

Das Protokoll sollte fortan den Physikern als Richtschnur dienen. Aber Lenard, Stark und andere Ideologen hielten sich nicht an den vereinbarten Burgfrieden. Obwohl die Reichsdozentenführung auf Distanz ging zur «Deutschen Physik», fanden sich andere Parteiinstanzen, die ihre ideologische Brille nicht ablegten.

Am 28. April 1941 wandte sich der Göttinger Aerodynamiker Ludwig Prandtl an den Reichsmarschall Hermann Göring, die Nr. 2 des Regimes. Er hoffte, über ihn an Hitler heranzukommen. Leidenschaftlich appellierte Prandtl an den Reichsmarschall:

*Durch die Entwicklung in der letzten Zeit [hat sich] eine Situation herausgebildet, die ganz grosse Gefahren für den Führernachwuchs auf diesem Gebiet in sich birgt und die ... zwangsläufig zu einer Unterlegenheit Deutschlands in diesem kriegs- und wirtschaftswichtigen Fach führen müsste.*[31]

Das Memorandum erreichte nicht einmal Göring, sondern blieb bei dessen Staatssekretär hängen. Prandtl wurde an den Wissenschaftsminister Bernhard Rust verwiesen. Er hat aber darauf verzichtet, diesen Weg zu gehen, weil er Rust für nicht einflussreich genug ansah.

Im Januar 1942 wurde Carl Ramsauer aktiv, der Vorsitzende der Deutschen Physikalischen Gesellschaft und Direktor des AEG-Forschungsinstituts. Er richtete eine umfangreiche Eingabe an den Wissenschaftsminister. Namens der Deutschen Physikalischen Gesellschaft trug er seine Sorge um die «Zukunft der deutschen Physik als Wissenschaft und Machtfaktor» vor:

*Die deutsche Physik hat ihre frühere Vormachtstellung an die amerikanische Physik verloren und ist in Gefahr, immer weiter ins Hintertreffen zu geraten.*[32]

Neben den zu geringen Etats wurden als Ursachen genannt die Besetzung der physikalischen Lehrstühle, die «nicht immer nach den in alter und neuer Zeit bewährten Grundsätzen des Leistungsprinzips» erfolgt wären und die «Vorwürfe gegen die Vertreter der modernen theoretischen Physik als (angebliche) Vorkämpfer jüdischen Geistes». Diese Vorwürfe seien «ebenso unbewiesen wie unberechtigt». Die theoretische Physik habe eine ganze Reihe grösster positiver Leistungen aufzuweisen ..., welche auch für Wirtschaft und Wehrmacht von wesentlicher Bedeutung werden» könnten. Die Konsequenz sei also:

*Die inneren Kämpfe der deutschen Physik müssen beigelegt werden,
wenn man eine Gesundung herbeiführen will.*[33]

Die Eingabe ist ohne jede Resonanz geblieben, wie Ramsauer nach
dem Kriege berichtet hat. Das sei, konstatierte Ramsauer, das grösste
Armutszeugnis für eine leitende Behörde. Prandtl hatte also ein halbes
Jahr zuvor recht gehabt: Er war mit seinem für Göring und letztlich
Hitler bestimmten Memorandum an den Reichswissenschaftsminister
verwiesen worden. Ein Appell an Rust war ihm aber als sinnlos erschienen, weil nämlich «bei dem Wüten gegen die theoretische Physik Parteieinflüsse am Werke waren, gegen die auch Herr Reichsminister Rust
machtlos ist».[34] Nur der Führer sei in der Lage, «diese Parteieinflüsse zu
beseitigen». Adolf Hitler aber befasste sich nicht mit Wissenschaft. Da
hatte Johannes Stark schon recht gehabt, als er 1933 in einem Brief an
Freund Lenard konstatierte: «Wissenschaft ist Hitler zutiefst unsympa-
thisch.»[35]

Eine fürwahr groteske Situation: Das Regime hatte furchtbare Verbre-
chen begangen, und es hatte auch der Wissenschaft schweren Schaden
zugefügt. Trotz alledem liessen die Physiker nicht locker. Sie wollten der
Regierung dienen und beweisen, was sie mit ihrer Wissenschaft leisten
konnten. Zum Glück für die Welt aber forderte Hitler ihre Versprechungen
nicht ein. Hitler führte einen Krieg gegen die grössten Industrienationen,
und es ging um Leben und Tod. Aber er kümmerte sich nicht um die
Wissenschaft, das stärkste Machtmittel, das er besass, das aber freilich nur
auf längere Sicht zur Wirkung kommen konnte.

Der Kampf um die «Deutsche Physik» blieb ohne letzte Entscheidung,
da im Dritten Reich eine solche Frage nur durch den Führer selbst entschieden werden konnte. Die Entschlossenheit und die Geschlossenheit
der Physiker brachten aber doch beachtliche Teilerfolge. Ihr Argument war
aber auch tatsächlich unwiderleglich: Die moderne Physik war jetzt mitten
im Kriege eine absolute Staatsnotwendigkeit.

Im August 1943 gründete die Physikalische Gesellschaft die «Informationsstelle Deutsche Physiker». Ihre Aufgabe war ganz offiziell die «Aufklärung der Öffentlichkeit über Arbeit und Bedeutung der physikalischen
Forschung»[36]. Die von Ernst Brüche geleitete «Informationsstelle» schuf
sich in den *Physikalischen Blättern* eine eigene Zeitschrift. Die Hauptthese
der *Physikalischen Blätter* war: Forschung tut not – im Frieden, im Krieg
und erst recht im totalen Krieg. Ihr Kronzeuge war Reichsminister Albert
Speer.

Zum Abschluss noch ein Blick auf die Meinungsbildung innerhalb der
nationalsozialistischen Partei:

In der Reichsleitung der NSDAP sah die Hauptabteilung «Weltanschauliche Information» ihre Aufgabe weiter darin, «dafür zu sorgen, dass die Lehrstühle für theoretische Physik ... nur von solchen Wissenschaftlern besetzt werden, die sich eindeutig als Gegner der Relativitätstheorie bewährt haben». Dieser Auffassung aber trat im Mai 1944 das Hauptamt Wissenschaft in der Reichsleitung der NSDAP entgegen. In einem energischen Schreiben bezeichnete sich das Hauptamt Wissenschaft als allein zuständig, «in die Berufungspolitik an den deutschen Hochschulen einzugreifen»:

> *Der Streit zwischen der Lenardschen Richtung und den Heisenberg-Anhängern ist für uns in erster Linie eine Frage der sauberen wissenschaftlichen Auseinandersetzung; darüber hinaus müssen wir erkennen, dass die Ergebnisse der relativitäts-theoretischen Forschung von geradezu kriegsentscheidender Bedeutung für die Entwicklung bestimmter Industriezweige sind und dass es schon deshalb nicht angeht, diese Forschungen als weltanschaulich unzuverlässig, weil judenfreundlich, zu diffamieren.*[37]

Ich bin damit am Ende meiner Ausführungen. Was ist das Resümee? Die Physiker in Deutschland haben sich mutig geschlagen gegen die in ihrer Wissenschaft in Gestalt der «Deutschen Physik» auftretende nationalsozialistische Ideologie. Uns Heutigen aber bleibt ein ungutes Gefühl: In ihrem Bemühen, den Einfluss der wissenschaftlichen Ideologen zurückzudrängen, zeigten die Physiker einen bemerkenswert grossen Eifer, den Unrechtsstaat wirtschaftlich und militärisch zu stärken. Zum Glück für die Welt hat das Dritte Reich diesen Eifer nur sehr unvollkommen genutzt.

### Anmerkungen


1 Justus von Liebig: Über das Studium der Naturwissenschaften und über den Zustand der Chemie in Preussen [1840]. In: *Reden und Abhandlungen.* Leipzig und Heidelberg 1874, S. 7–36.
2 Philipp Lenard: *Denkschrift für Friedrich Althoff.* Unveröffentlicht.
3 Die berühmte Denkschrift Harnacks ist mehrfach nachgedruckt. U. a.: *50 Jahre Kaiser-Wilhelm-Gesellschaft und Max-Planck-Gesellschaft ... 1911–1961. Beiträge und Dokumente.* Göttingen 1961, S. 80–94.
4 Fritz Haber: Die Chemie im Kriege. In: *Fünf Vorträge aus den Jahren 1920–1923.* Berlin 1924, S. 25–41. Hier S. 28.
5 Kurt Zierold: *Forschungsförderung in drei Epochen. Deutsche Forschungsgemeinschaft. Geschichte – Arbeitsweise – Kommentar.* Wiesbaden 1968. Hier S. 562.

6 Wolfgang Pauli: *Wissenschaftlicher Briefwechsel mit Bohr, Einstein, Heisenberg* u. a. Band II: 1930–1939. Berlin 1985, S. 207.

7 Andreas Kleinert: Lenard, Stark und die Kaiser-Wilhelm-Gesellschaft. Auszüge aus der Korrespondenz der beiden Physiker zwischen 1933 und 1936. In: *Physikalische Blätter.* Jg. 36, 1980, Nr. 2, S. 35–43.

8 *Hitler. Sämtliche Aufzeichnungen 1905–1924.* Herausgegeben von Eberhard Jäckel zusammen mit Axel Kuhn. Stuttgart 1980, S. 286.

9 Kurt Zierold (Anm. 5), S. 570.

10 Armin Hermann: *Max Planck.* Rowohlts Monographien Nr. 198. Reinbek 1973, S. 84.

11 Weiter heisst es in diesem Brief: «Trotzdem weiss ich, dass es unter denen, die in der neuen politischen Situation führen, auch Menschen gibt, um derentwillen sich ein Ausharren durchaus lohnt. Es wird sich sicher im Lauf der Zeit das Hässliche vom Schönen scheiden.» Wolfgang Pauli (Anm. 6), S. 168.

12 Brief von Max von Laue an Albert Einstein, 14. Mai 1933. Sondersammlungen des Deutschen Museums. Nachlass Laue.

13 Brief von Albert Einstein an Max von Laue, 26. Mai 1933. Sondersammlungen des Deutschen Museums. Nachlass Laue.

14 Philipp Lenard: *Deutsche Physik.* Erster Band: Einleitung und Mechanik. 2. Aufl. München–Berlin 1938. S. IX. Das Vorwort befindet sich auch in der 1. Auflage von 1936.

15 Brief von Max Planck an Wilhelm Wien, 19. Juni 1923. Staatsbibliothek Preussischer Kulturbesitz Berlin. Nachlass Wien.

16 Universitätsarchiv München. Berufungsakten. Nachfolge Wilhelm Wien.

17 Andreas Kleinert (Anm. 7). S. 35, Sp. 2.

18 Ebd.

19 Brief des Rektors der Technischen Hochschule Stuttgart an den Reichsminister für Wissenschaft, Erziehung und Volksbildung, 12. Mai 1937. Bundesarchiv Koblenz, Rep. 76, Nr. 507.

20 Ebd.

21 Memorandum über die «Abwendung einer schweren Gefahr für den Nachwuchs an deutschen Physikern». Für den Reichsmarschall Hermann Göring verfasst von Ludwig Prandtl, 28. April 1941. Archiv des Verfassers.

22 *Das Schwarze Korps.* 15. Juli 1937, S. 6.

23 Brief von Werner Heisenberg an Heinrich Himmler, 21. Juli 1937.

24 Armin Hermann: *Die Jahrhundertwissenschaft. Werner Heisenberg und die Physik seiner Zeit.* Stuttgart 1977, S. 146.

25 Philipp Lenard: Ein grosser Tag für die Naturforschung. In: *Völkischer Beobachter,* 13. Mai 1933.

26 Armin Hermann: 50 Jahre Forschungsförderung der DFG. In: *Physik in unserer Zeit.* Jg. 2, 1971, S. 17–23. Hier S. 20, Sp. 1.

27 Man vergl. Kurt Zierold (Anm. 5), S. 207 ff.

28 Brief von Max von Laue an Gustav Mie, 22. November 1934. Bibliothek des Deutschen Museums. Sondersammlungen.

29 Hektographierter Brief vom 11. Mai 1936, unterzeichnet mit M. Wien, H. Geiger, W. Heisenberg.

30 Eingabe an Rust. In: *Physikalische Blätter.* Jg. 2, 1947, S. 43–46. Hier S. 46.

31 Memorandum ... Für den Reichsmarschall ... verfasst von Ludwig Prandtl (Anm. 21).

32 Eingabe an Rust (Anm. 30).

33 Ebd.

34 Brief von Ludwig Prandtl an Staatssekretär Neumann, 27. Mai 1941. Archiv des Verfassers.

35  Andreas Kleinert (Anm. 7).
36  *Physikalische Blätter*. Jg. 1, 1944, S. 1.
37  Brief des Hauptamtes Wissenschaft und Wissenschaftsbeobachtung der Reichsleitung
    der NSDAP an das Hauptamt Weltanschauliche Information, 5. Mai 1944. Bundesarchiv
    Koblenz.

# Biologie und politische Macht

*Vincent Ziswiler*

Anlass zu diesem Aufsatz gab ein Vortrag von Shores A. Medwedjew[1] über T. D. Lyssenko im Rahmen unseres Kolloquiums. Leider war es ihm, dem heute prominentesten Kenner dieser Materie aus zeitlichen Gründen nicht möglich, einen Publikationsbeitrag zu liefern. Statt zu versuchen, Medwedjews Vortrag aus dem Gedächtnis wiederzugeben oder eine Zusammenfassung seines Buches *The Rise and Fall of T. D. Lyssenko* zu geben, stelle ich das Thema in einen breiteren Rahmen.

Die Lyssenko-Tragödie ist allen älteren Wissenschaftern noch in Erinnerung: Ein Scharlatan dominiert durch politische Intrige und Ranküne über nahezu vier Jahrzehnte die Biologie und die Agrarwissenschaft der Sowjetunion, schaltet zwei Generationen zum Teil hervorragender Wissenschafter aus und fügt mit seiner Irrlehre der Wissenschaft und der Ökonomie seines Landes unermesslichen Schaden zu. Lyssenko löste mit seinen Theorien bereits Ende der Zwanziger Jahre heftige Kontroversen aus. Sie betreffen zwei Kernprobleme der Biologie: Er postuliert die Vererbbarkeit erworbener Eigenschaften und verneint die Rolle des Gens als Erbsubstanz. Mit letzterer These setzte er sich in schroffen Gegensatz zu den Exponenten der im Aufschwung begriffenen modernen Genetik – wie Morgan, Johannsen, de Vries, Goldschmidt und Muller –, von welchen es auch im eigenen Land hervorragende Vertreter gab, etwa N. I. Wawilow, Präsident der Lenin-Akademie der landwirtschaftlichen Wissenschaften, G. D. Karpetschenko, der das Problem der Sterilität von Artbastarden löste, G. T. A. Lewitzkij, einer der bekanntesten Zytologen seiner Zeit, oder den hervorragenden Humangenetiker N. W. Kolzow.

Lyssenkos Idee von der Vererbung erworbener Eigenschaften dürfte seinem Wunschdenken als Pflanzenzüchter in einem Riesenland mit einer stark rückständigen Landwirtschaft entsprungen sein. Er war überzeugt, dass die Umweltbedingungen Lebewesen nicht nur modifikatorisch verändern, sondern dass so erworbene Eigenschaften auch auf folgende Generationen übertragen würden. Ohne diesen Sachverhalt je mit seriösen Experimenten belegen zu können, startete er riesige Landwirtschaftsprojekte, vorerst um Nutzpflanzen für den Anbau in klimatisch schwierigen Gebieten geeignet zu machen. Später nahmen seine Projekte immer skurrilere Formen an, etwa mit den Versuchen, Arten in andere umzuwandeln, Weizen in Roggen oder Fichten in Kiefern, oder Getreide mit verzweigten Ähren zu züchten, die Zuckerrübenproduktion in den Trockensteppen Zentralasiens einzuführen, und ähnlicher anderer Unsinn. Dass derartige Projekte – Ausdruck totaler Ignoranz auf dem Gebiet der Genetik, der Zytologie und der Evolutionsmechanismen – scheitern mussten, liegt auf der Hand.

Nicht völlig erfolglos war Lyssenko allerdings als Agrartechniker. Seine erste Bekanntheit erreichte er mit der Propagierung und Entwicklung der Vernalisation, einem Verfahren, das es erlaubt, wertvolles Wintergetreide nicht den Risiken einer Herbstaussaat aussetzen zu müssen. Das Saatgut wurde vorgekeimt, den Winter über eingefroren und erst im Erntejahr ausgesät. Diese Methode wurde in den Zwanziger Jahren als grosse Errungenschaft der sowjetischen Wissenschaft angepriesen, später aber wieder aufgegeben. Lyssenko war übrigens nicht ihr Erstentdecker; sie wurde bereits um die Mitte des 19. Jahrhunderts in Ohio beschrieben. Die Propagierung der Vernalisation verstand Lyssenko so geschickt in Szene zu setzen, dass er rasch in der ganzen Sowjetunion bekannt wurde; seinen Aufstieg in eine dominierende Machtposition verdankt er einer günstigen politischen Konstellation und seiner Agitation.

Als Lyssenko in der zweiten Hälfte der Zwanziger Jahre in Erscheinung trat, war der 19 Jahre ältere Stalin daran, seine unbegrenzte Diktatur in Partei und Staat zu etablieren. Nachdem er Trotzki und kurz danach den linken und den rechten Parteiflügel ausgeschaltet hatte, beschleunigte er die Industrialisierung und die Kollektivierung der Landwirtschaft.

Lyssenko tat sich mit I. I. Present zusammen, einem Juristen, der sich als Spezialist für Darwinismus, naturkundlicher Pädagoge und Parteitheoretiker verstand. Mit Perfidie und polemischer Hetzerei wandte sich das seltsame Paar gegen alle, die sich nicht vorbehaltlos hinter Lyssenkos Ideen stellten: gegen die Genetiker und die Darwinisten ebenso wie gegen die Populationsgenetiker und Zytologen. Deren Lehre wurde als volksfeindlich und bürgerlich abgetan, und sie selbst galten als Klassenfeinde und Verräter am Marxismus-Leninismus. 1935 traten die beiden vor dem Kongress der Kolchose-Arbeiter auf, an welchem auch Stalin zugegen war. In einer beispiellosen Hetztirade wurden die andersdenkenden klassischen Wissenschafter als Saboteure am Vernalisationsprojekt hingestellt, und als Lyssenko mit den Worten schloss: «Ein Klassenfeind ist immer ein Feind, ob er nun Wissenschafter ist oder nicht», applaudierte Stalin: «Bravo Genosse Lyssenko, bravo» (Medwedjew 1974, S. 34). Fortan genoss Lyssenko bis zur Absetzung von Chruschtschow (1964!) uneingeschränkte Protektion. Wer sich ihm und seinen Ideen widersetzte, riskierte Kaltstellung, Verhaftung und oft physische Liquidation. Der Lyssenkoismus stellt wissenschaftsgeschichtlich, was die Breite seiner Wirkung und die zeitliche Dauer seines dominierenden Einflusses betrifft, ein Unikum dar. Es liegt auf der Hand, dass ein solches Phänomen nur durch ein Zusammentreffen vieler günstiger Faktoren möglich wurde, wie sie offenbar in der Zeitspanne zwischen Stalins Etablierung und der Entmachtung seines ersten bedeutenden Nachfolgers in der Sowjetunion herrschten.

Wie auch Medwedjew hervorhebt, ist es durchaus normal, dass Wissenschafter sich irren können. Speziell in der modernen biologischen Forschung, die vorwiegend mit der Verifikation oder Falsifikation von Arbeitshypothesen arbeitet, gehört das zeitweilige Beschreiten eines Irrweges zu den einkalkulierten Risiken. Befangenheit und Beschränktheit – was auf Lyssenko besonders zutrifft – können dazu führen, dass ein Wissenschafter nicht mehr erkennt, dass er sich auf einem falschen Pfad befindet, und lassen ihn dann nicht selten eine Irrlehre verkünden.

Wenn derartige Thesen sich über den Kreis kritischer Fachgelehrter hinaus verbreiten, geraten sie ausser Kontrolle. Hauptfaktoren für ihren Erfolg sind dann in erster Linie das Vorhandensein eines rezeptionsbereiten Publikums, ihre Plausibilität, sowie Autorität und Charisma des Verkünders. Der Lyssenkoismus fand in den Dreissiger Jahren in der Sowjetunion einen idealen Nährboden vor: Eine ökonomische Situation mit einer unter enormen Erfolgszwang stehenden Agrarproduktion und eine immer noch ungebrochene Begeisterung für die Lehren von Marx und Engels, Axiomsammlung und Richtschnur zugleich, mit der jede ethische, wissenschaftliche und politische These in Einklang zu bringen war. Present und Lyssenko bemühten sich denn auch unablässig, ihre Pseudowissenschaft als deckungsgleich mit der marxistischen Lehre darzustellen und das eine als die Konsequenz des andern zu betrachten, wie aus ungezählten Referaten und Publikationen hervorgeht. Dabei lässt sich eine Verwandtschaft zwischen dem idealistisch-naiven Sozialismus von Marx und dem primitiven Vitalismus Lyssenkos nicht von der Hand weisen.

Im Gegensatz zur damals weltweit Anerkennung findenden modernen Genetik, welche die Erbeigenschaften einer materiellen, in den Chromosomen lokalisierten spezifischen Substanz zuordnet, glaubte Lyssenko, dass die Fähigkeit zweckmässig auf Umwelteinflüsse zu reagieren und sich entsprechend zu adaptieren, jeglicher lebenden Materie immanent sei. Besonders deutlich erkennbar wird dieser teleologische Vitalismus in Lyssenkos Bericht über Kreuzungen an Rindviehrassen mit dem Ziel, den Milchfettgehalt zu erhöhen (s. Medwedjew 1974, S. 198). Er behauptet, dass wenn man einen grossen Bullen mit Erbeigenschaften für hohen Milchfettgehalt mit

einer kleinen Kuh kreuze, so würde eine aus dieser Kreuzung stammende
Kuh fettarme Milch produzieren, denn: «eine Zygote ist doch nicht dumm!»
Für ihn stand fest, die befruchtete Eizelle fühle, dass ein grosses Kalb mit den
Erbeigenschaften des Vaters bei der kleinen Mutter Geburtsschwierigkei-
ten verursachen würde, weshalb sie es vorziehe, sich Richtung Mutter zu
entwickeln, was zum Wohl der Art diene. Im umgekehrten Fall hingegen, bei
der Kreuzung einer grossen Kuh mit einem kleinen Bullen mit Anlagen für
viel Milchfett, würde sich die befruchtete Eizelle vollständig nach den Erbeigenschaften des Vaters entwickeln, da auch ein grosser Fötus von der
grossen Kuh problemlos geboren werden könnte.

So unsinnig uns heute Lyssenkos Spekulationen erscheinen, darf nicht
übersehen werden, dass sie mit ihrer Ausrichtung auf simple Zweckmässig-
keit dem Nichtfachmann – und dazu gehörten neben Politikern und Jour-
nalisten auch die praxisorientierten Agronomen – plausibler erscheinen
mussten, als die anspruchsvolle Beweisführung der Genetiker, die umfangreiche Vorkenntnisse und ein beträchtliches Abstraktionsvermögen erfor-
derte, um nachvollzogen werden zu können. Im übrigen erfreut sich die
vitalistisch-finale Deutung von biologischen Phänomenen auch heute noch
– und sogar in verstärktem Mass – grosser Beliebtheit, etwa wenn es um
das «prinzipiell Gute» in der Natur geht oder um die Existenz sogenannt
natürlicher Gleichgewichte.

Es darf zudem nicht übersehen werden, dass Lyssenko mit seiner geschickt hochgespielten Vernalisationsmethode rasch an Popularität und
damit auch an Autorität gewann, so dass viele ihm blindlings glaubten.
Charisma hatte er allerdings wenig. So beschrieb ihn 1927 ein Journalist in
der Prawda als einen Menschen, der einem das Gefühl von Zahnschmerzen
hinterlasse und dass er einen mürrischen Blick habe, der dem Boden
entlang krieche, als ob er ein Grab für den Gast suche (s. Medwedjew 1974,
S. 291). Dennoch konnte dieser Schöpfer unsinnigster Theorien und Initi-
ant und Realisator zahlreicher ebenso unsinniger gigantischer Projekte
mehr als fünfunddreissig Jahre lang unangefochten sein Unwesen treiben.

Die Gründe dafür sind im totalitären System und seinen spezifischen
Besonderheiten, wie sie für die Sowjetunion galten, zu suchen. Als solche
betrachtet Medwedjew (1974, S. 259–265):
– die Tendenz, Strömungen innerhalb der Wissenschaften nach dem
  Schwarzweiss-Prinzip zwei Kategorien, einer guten, «marxistischen»
  oder einer verwerflichen, «bourgeoisen» zuzuordnen. Während die letzteren mit allen Mitteln unterdrückt wurden, wurden die andern gefördert und protegiert, dies selbst dann noch, wenn ihr Versagen nicht mehr
  verborgen bleiben konnte, nur um den verantwortlichen Parteifunktio-
  nären einen Gesichtsverlust zu ersparen.

– Ein unsäglicher Dilettantismus der staatlichen Landwirtschaftspolitik unter Stalin und besonders auch Chruschtschow, basierend auf einer totalen Unterdrückung der Landbevölkerung, Kollektivierung, ständig sich ändernden Planungszielen und Wundergläubigkeit, in welche das wissenschaftliche Surrogat Lyssenkos ideal passte.
– Der Totalitarismus einer gleichgeschalteten Presse, welche – angeführt durch «Prawda» und «Iswestija» – der Führung genehme Autoren vorbehaltlos förderte und schützte und die andern mit Vehemenz diskreditierte. Diese beiden Zeitungen veröffentlichten Hunderte von Beiträgen Lyssenkos und seiner Schüler, aber keinen einzigen, der sich kritisch mit deren Lehren auseinandersetzte.
– Die langanhaltende nahezu totale Isolierung der sowjetischen Wissenschafter und der Intelligenz von der internationalen Wissenschaft, von ausländischen Institutionen und Kollegen.
– Ein ins Extrem gesteigerter Zentralismus, der Unterricht und Forschung auf allen Stufen behinderte und auch bescheidenste Ansätze zu Reformen von der Basis her unterband.

Politische Mächte für sich oder, häufiger noch, als Vollstrecker anderer, wie der Kirche oder von Parteien, können die Wissenschaften fördern, aber auch dirigieren, behindern und schliesslich verhindern. Diese Beeinflussung kann sich auf die Forschung oder auf die Lehre oder beide Arten wissenschaftlicher Tätigkeit beziehen. Häufig sind es Tabus, die zu Forschungsverboten führen, wie das Sektionsverbot für menschliche Leichen, das bereits zur römischen Kaiserzeit galt und beispielsweise Galenus (129–199) zwang, anstelle von Leichnamen Makaken zu zergliedern. Auch im Mittelalter galt der menschliche Körper als unversehrbar, allerdings nur für die Anatomen und nicht im Rechtsvollzug, der die Verstümmelung lebender und toter Menschen nach Belieben zuliess. Wer hingegen echte wissenschaftliche Neugier an der menschlichen Anatomie stillen wollte, musste sich an tierische Surrogate halten oder sich sein Untersuchungsmaterial unter Lebensgefahr auf dem Friedhof oder vom Galgen weg beschaffen.

Das Sektionstabu wurde im 14. Jahrhundert zuerst an den fortschrittlichen Universitäten Oberitaliens wie Padua und Bologna gelockert, nördlich der Alpen erst im 15. Jahrhundert. Tabus für die biologische Forschung bestehen auch heute noch, etwa mit dem vagen Postulat «Ehrfurcht vor dem Leben», hinter dem ernst zu nehmende ethische Postulate, wie solche des Tierschutzes oder der Verantwortung für Mensch und Umwelt, ebenso stehen können wie Angst vor der Erkenntnis, etwa bei vorgeburtlichen Tests, oder die Scheu, mit wissenschaftlicher Analytik Bereiche zu entschleiern, in welchen nach «unergründlichem Ratschluss» eines höheren

Wesens die Entscheide darüber fallen sollen, ob man beispielsweise als Krüppel oder Idiot auf die Welt kommt oder nicht.

Viel drastischer trat die Wissenschaftsbehinderung von oben bei der Lehre in Erscheinung. Dabei erstaunt, dass dies bis weit in die Neuzeit hinein nicht die Themen betraf, deren philosophische und theologische Brisanz in den letzten Jahrzehnten des 19. Jahrhunderts zu gewaltigen Kontroversen führte, also Fragen der Evolution und der Entstehung des Lebens.

So nahm man bis zur Entwicklung der ersten Mikroskope ganz allgemein an, dass Kleingetier, bis hin zu Fröschen und Mäusen, spontan aus anorganischer Materie entstehen könne. Bedeutende Gelehrte, wie Konrad Gessner, deuteten Fossilien als Differenzierungsstadien entstehender Lebewesen, deren Entwicklung aus irgendeinem Grund unterbrochen wurde. Auch das fundamentale Problem der Artkonstanz wurde nicht in seiner Tragweite erkannt. Frühe Evolutionisten konnten ihre Ideen ungehindert darlegen, solange sie nicht das Tabu der Entwicklung vom Tier zum Menschen überschritten. Aber selbst dann hielt sich die Verfolgung in Grenzen. So erreichte Benoît de Maillet (1656–1738), der unter dem Anagramm «Telliamed» in einer Schrift unter anderem den Menschen von Meerestieren ableitete, ungeschoren ein hohes Alter; und der extreme Materialist Julien de la Mettrie (1709–1751), der in seinem Buch «L'homme machine» die kartesische Lehre von der mechanistischen Struktur des Lebens konsequent auf den Menschen ausdehnte, dem er eine geistige Seele abspricht und der sich somit auch nicht mehr prinzipiell von den Tieren abhebt, musste zwar die öffentliche Verbrennung seiner Bücher in Paris erleben, konnte sich aber durch Flucht nach Leiden und später an den Hof Friedrichs des Grossen in Sicherheit bringen.

Unterdrückung, Verfolgung und selbst die Hinrichtung drohten viel weniger dem philosophisch-deduzierenden Theoretiker als demjenigen, der durch induktive Forschung auf Einzelfakten stiess, die im Widerspruch zu Inhalten der Bibel, des Neuen Testaments oder der Schriften jener antiken Autoren standen, die von der Kirche anerkannt waren. Im Grunde genommen geht es dabei stets um späte Varianten des Universalienstreits und das vom Neuplatonismus abgeleitete Postulat, das den Glauben über das Wissen stellt.

Vesalius löste (1514–1564) mit seiner *De humani corporis fabrica* einen Sturm der Entrüstung – vor allem der Kirchenmänner – aus, als er im Gegensatz zu Galenus feststellte, dass das Schenkelbein beim Menschen gerade sei, vor allem aber, dass dem Mann jene Rippe nicht fehle, die für die Erschaffung der Eva benötigt wurde. Vesalius wurde der Gottlosigkeit bezichtigt und seine Schriften der Inquisition vorgelegt. Um sich weiteren

Verfolgungen zu entziehen, gab er seine wissenschaftliche Tätigkeit auf und wurde Hofarzt von Karl V. Schlimmer erging es seinem Studiengefährten, dem Spanier Miguel Serveto (1512–1553), der zeigen konnte, dass das Blut von der rechten Herzkammer in die Lunge und von dort in die linke Hälfte zurückgeleitet wird, womit er den Lungenkreislauf entdeckt hatte. Damit widersprach er nicht nur der galenischen Auffassung, dass das Blut durch Poren im Septum von der rechten in die linke Kammer gelange, sondern trug auch zur Entmystifizierung des Blutes bei – nach der mosaischen Überlieferung Sitz der Seele –, das sich im Herzen, genauer gesagt in der linken Herzkammer, mit dem aus der Lunge kommenden Lebensgeist (Pneuma) vereinigen sollte. Servetos anatomische Befunde, zusammen mit einer Streitschrift gegen die Existenz der Dreifaltigkeit, trugen ihm die Verfolgung durch die Inquisition und durch Calvin ein. Letzterer liess ihn ergreifen und überantwortete ihn – zusammen mit seiner Schrift über den Lungenkreislauf – dem Scheiterhaufen.

Das frühscholastische Postulat, das den Glauben über das Wissen setzte und das in Byzanz bereits im 5. Jahrhundert erhoben wurde, behinderte die Entwicklung der Biologie im Abendland über mehr als ein Jahrtausend hinweg nachhaltig. Die Bibel, das Neue Testament, sowie die Traktate der Kirchenväter galten zusammen mit einigen später von der Kirche akzeptierten antiken Autoren als ausschliessliche, absolut wahre Erkenntnisquelle. Besonders verheerend wirkte sich der *Physiologus* aus, eine Sammlung von Traktaten über Tiere, teils syrischen, teils alexandrinischen Ursprungs. Den Lehren der Neuplatoniker, Gnostiker und Hermetiker verhaftet, verwendet das Buch Tiere als Symbole zur Deutung der christlichen Heilslehre und wurde in der Folge als zoologische Informationsquelle missdeutet.

Derart unbedingt war der Glaube und das Vertrauen in diese Schriften, dass direkte Naturbeobachtung als unnötig, ja abwegig erschien und dass ein Infragestellen dieser verordneten Wahrheit bereits als Häresie galt. Da die Naturwissenschaft aber empirisch und induktiv arbeiten muss, verfiel die Biologie einer viele Jahrhunderte dauernden Stagnation.

Einsam aus diesem grossen Zeitraum heraus ragt der Hohenstaufe Friedrich II. (1194–1250). Selbst politischer Machtträger, mit dem von ihm geschaffenen, straff organisierten und florierenden Beamtenstaat in Süditalien als Hausmacht, förderte er die Künste und die Wissenschaft und war selbst ein hervorragender Naturkenner.

Er setzt sich in einen absoluten Gegensatz zu seinen abendländischen Zeitgenossen, wenn er in seinem Falkenbuch den zentralen Satz formuliert: «Intentio vero nostra est manifestare in hoc libro ea quae sunt icut sunt.» Dieses Buch *De arte venandi cum avibus* ist weit mehr als eine Anleitung zur Falkenjagd, es ist eine umfassende Ornithologie. Als vorurteilsloser

Naturbeobachter wagt es der kaiserliche Autor, Beobachtungen niederzu-
schreiben und zu deuten, ohne Rücksicht auf das Hergebrachte. Wo er zu
abweichenden Befunden gelangt, kritisiert er selbst Aristoteles, dessen
Werk er um 1230 durch seinen Hofastrologen Michael Scotus vom Arabischen ins Lateinische übersetzen lässt. Zur Überprüfung unsicherer Sach-
verhalte lässt er Experimente ausführen; so etwa um die Frage zu klären,
ob Geier ihre Beute mit dem Geruchssinn oder dem Sehsinn orten, oder
ob der Afrikanische Strauss seine Eier tatsächlich allein durch die Sonnen-
wärme ausbrüten lasse.

In seiner Art und Weise, die realen Dinge zu sehen und zu deuten, und
in der Klarheit seines Denkens ist Friedrich seiner Zeit weit voraus. Mit
der Ächtung dieses überragenden Geistes, vom Papst mit dem Bann belegt
und später von Dante in den sechsten Kreis der Hölle verdammt, wurde
auch die Verbreitung seines Falkenbuches unterdrückt. Die beiden Ab-
schriften und ein von den Zeitgenossen nicht zur Kenntnis genommener
Druck aus dem Jahre 1596 zogen erst unmittelbar vor der französischen
Revolution die Aufmerksamkeit der gebildeten Welt auf sich. Friedrichs
Ideen und Konzepte unterlagen nach seinem Tod ebenso den finstern
Mächten der Zeit wie sein Musterstaat. Er hatte keinerlei Nachwirkung auf
die Biologie, die noch über Jahrhunderte hinweg in einem vorwissenschaft-
lichen Stadium verharrte.

Ebenso wie die Hinderung ist auch die Förderung der biologischen
Wissenschaften durch politische Machtträger seit der Antike belegbar.
Dabei ging es meistens um Vorhaben, von welchen man sich einen praktischen Nutzen erwartete, sei es für die Heilkunst, die Agronomie oder die
Ökonomie. So gründeten zwei vorderasiatische Potentaten, Atalos von
Pergamon und Mithridates VI. von Pontos, im zweiten vorchristlichen Jahrhundert botanische Gärten zur Erforschung von Giftpflanzen – aus verständlichen Gründen. Ebenfalls seit der Antike wurden vielerorts Heil-
kräutergärten angelegt, in welchen man Heil- und Gewürzpflanzen nicht
nur zu vermehren versuchte, sondern sie auch gründlich studierte. Generell
lässt sich sagen, dass gerade wegen der eminenten Bedeutung der Pflanzen
als Heilmittel die Pflanzenkunde bereits im Mittelalter eine breitere und
weniger unterbrochene Entwicklung erlebte als die Zoologie, zumal in den
sakrosankten Texten der christlichen und antiken Überlieferung Pflanzen
eher eine untergeordnete Rolle spielen.

Überragende Bedeutung gewinnt die Förderung der Biologie durch
Regierungen und Fürsten im Zeitalter der geographischen Entdeckungen.
Die grossen Entdeckungsreisen vom 15. bis zum 19. Jahrhundert waren
stets politisch-ökonomisch motiviert und hätten auch kaum je von einem
einzelnen Gelehrten finanziert werden können. Neben der Gebiets-

erweiterung und der Entdeckung von Bodenschätzen interessierten dabei
von Anbeginn weg auch die Pflanzen und Tiere der neuen Gebiete, vorab
Gewürz- und Genusspflanzen, dann aber auch neue Nutzpflanzen und
-tiere, Pelztiere und schliesslich zoologische und botanische Raritäten jeder
Art, die in erster Linie als Prestigeobjekte von reichen Sammlern erworben
wurden.

Fürsten und reiche Kaufleute wetteiferten in der Anlage von Menage-
rien, als deren schönste die Villa Pratolino der Medici in Florenz, diejenige
der Fugger in Augsburg und später jene im Park des Schlosses Neugebäu bei
Wien galt, die von Rudolf II. errichtet wurde. Letzterer, ein grosser Förderer
der Wissenschaften, stellte seinen Zoo auch den Gelehrten zur Verfügung
und liess seine Insassen von hervorragenden Hofmalern portraitieren. Diese
wissenschaftlich hoch interessante Sammlung ist heute im Besitz der öster-
reichischen Staatsbibliothek. Biologische Auftragsforschung in der Folge
von Entdeckungsreisen stand nicht selten im Konfliktbereich zwischen
Staatsraison und dem Bestreben, die Forschungsresultate der Öffentlichkeit
zugänglich zu machen. Ein Beispiel dafür gibt der Leibarzt Philipps II. Francisco Hernandez, der von seinem Gebieter zur Erkundung der Mineralien,
Pflanzen und Tiere nach Mexiko geschickt wurde und der zwischen 1570 und
1577 grosse Teile dieses Landes erforschte. Seine Aufzeichnungen und Bil-
der füllten 17 Bände, die als Staatsgeheimnis im Escorial unter Verschluss
gehalten wurden. Nach dem Tod von Hernandez übertrug der König die
weitere Bearbeitung dem Arzt Nardi Antonio Recchi, einem Italiener, der
neben dem offiziellen Manuskript ein geheimes Duplikat anfertigte und
nach Italien schmuggelte. Der Prinz Federico Cesi in Rom, ein begeisterter
Naturforscher, kaufte das Manuskript von den Erben des inzwischen ver-
storbenen Recchi und wollte es von Mitgliedern der Accademia dei Lincei,
deren Gründer er war, herausbringen lassen, was aber durch seinen Tod
verunmöglicht wurde. Erst mit der Herausgabe einer Bearbeitung durch den
Jesuiten Johann Eusebius Nieremberg im Jahre 1635 wurden Teile der Forschungen von Hernandez der Gelehrtenwelt zugänglich; der wertvollste Teil
der Forschungsausbeute jedoch, über 1200 Blätter mit Originalfarbskizzen,
blieb weiterhin im Escorial verschlossen, wo sie 1671 fast ausnahmslos einem
Brand zum Opfer fielen.

Im siebzehnten Jahrhundert wurden – vor allem von niederländischen
Apothekern – Methoden entwickelt, welche die Herstellung dauerhafter
zoologischer Präparate ermöglichten. In der Folge wandte sich das Interesse der Sammler zunehmend auch toten Tieren zu. Da die Anlage eines
Naturalienkabinetts nicht so aufwendig war wie der Betrieb einer Mena-
gerie, konnten sich auch weniger begüterte Leute oder Städte derartige
Sammlungen leisten und mit Fürsten und Königen wetteifern. Eine solche

königliche Sammlung war das «Cabinet du Roi» in Paris, das mit seiner Schwesterinstitution, dem «Jardin du Roi», über Jahrhunderte hinweg eine der bedeutendsten wissenschaftlichen Institutionen war und zugleich das eindrücklichste Beispiel einer vorerst vom Monarchen und später vom Staat getragenen Forschungsstätte darstellt.

Durch Vermittlung Richelieus konnte der Leibarzt von Louis XIII, Guy de la Brosse, den König zur Gründung eines «Jardin des plantes medicales» auf dem linken Seineufer bewegen, was 1635 geschah. Man hatte für 67 000 Livres ein Grundstück erworben und stattete die Institution mit einem Einrichtungskredit von 27 000 Livres aus. 1637 zählte man im Jardin bereits 1800 verschiedene Pflanzensorten. In einem neuerrichteten Gebäudekomplex wurden ihm auch das Cabinet du Roi, ein Chemieinstitut und ein Lehrstuhl für Anatomie angegliedert. In der Folge entwickelte sich dieser Institutskomplex rasch zum bedeutendsten wissenschaftlichen Zentrum der Erde, mit dem sich zeitweilig höchstens die von Charles II. gegründete Royal Society messen konnte. Während der Zeit der Monarchie findet man im «Jardin» die bedeutendsten Namen der Botanik (Pitton de Tournefort, Vaillant und die Dynastie der Jussieux), der Zoologie (Sonnerat, Réaumur, Levaillant, Buffon), der Anatomie, der Mineralogie, der Chemie und der wissenschaftlichen Illustration. Dorthin gelangten aber auch die Erträge der grossen Sammelreisen, wie derjenigen von Bougainville und Commerson, Poivre und La Pérouse.

Bemerkenswert ist der nahezu nahtlose Übergang des Jardin und seiner Annexanstalten in die revolutionäre und nachrevolutionäre Phase. Im Gegensatz zum unglücklichen Chemiker Lavoisier von der «Académie» wird keinem der am «Jardin» tätigen Wissenschafter der Prozess gemacht, und die meisten von ihnen werden auch von den neuen Machthabern weiter beschäftigt. Einige Polit-Chamäleons, allen voran der berühmte Georges Cuvier, bringen es sogar fertig, alle politischen Wechselbäder von Louis XVI. bis Louis Philippe unbeschadet zu überstehen und unter den verschiedenen Machthabern zum Teil hohe politische Ämter zu bekleiden. Im Zeichen des wissenschaftsfreundlichen Jakobinismus erhielt das aus dem Cabinet du Roi hervorgegangene «Muséum d'Histoire Naturelle» eine neue Organisationsstruktur und als folgenreichstes Novum wurden der Institution 12 Professuren beigegeben. Die 12 «professeurs-administrateurs» bildeten eine weitgehend autonome Körperschaft, die «République des professeurs», die jedes Jahr aus ihren Reihen einen Direktor erkor. Jeder der Professoren übte nahezu uneingeschränkte Macht über sein Departement aus, dem «aides-naturalistes», Präparatoren, Gärtner und zahlreiches Hilfspersonal beigegeben waren. Ein grosszügiger Finanzetat gab den Museumsangehörigen soziale Sicherheit, und der Staat stellte für

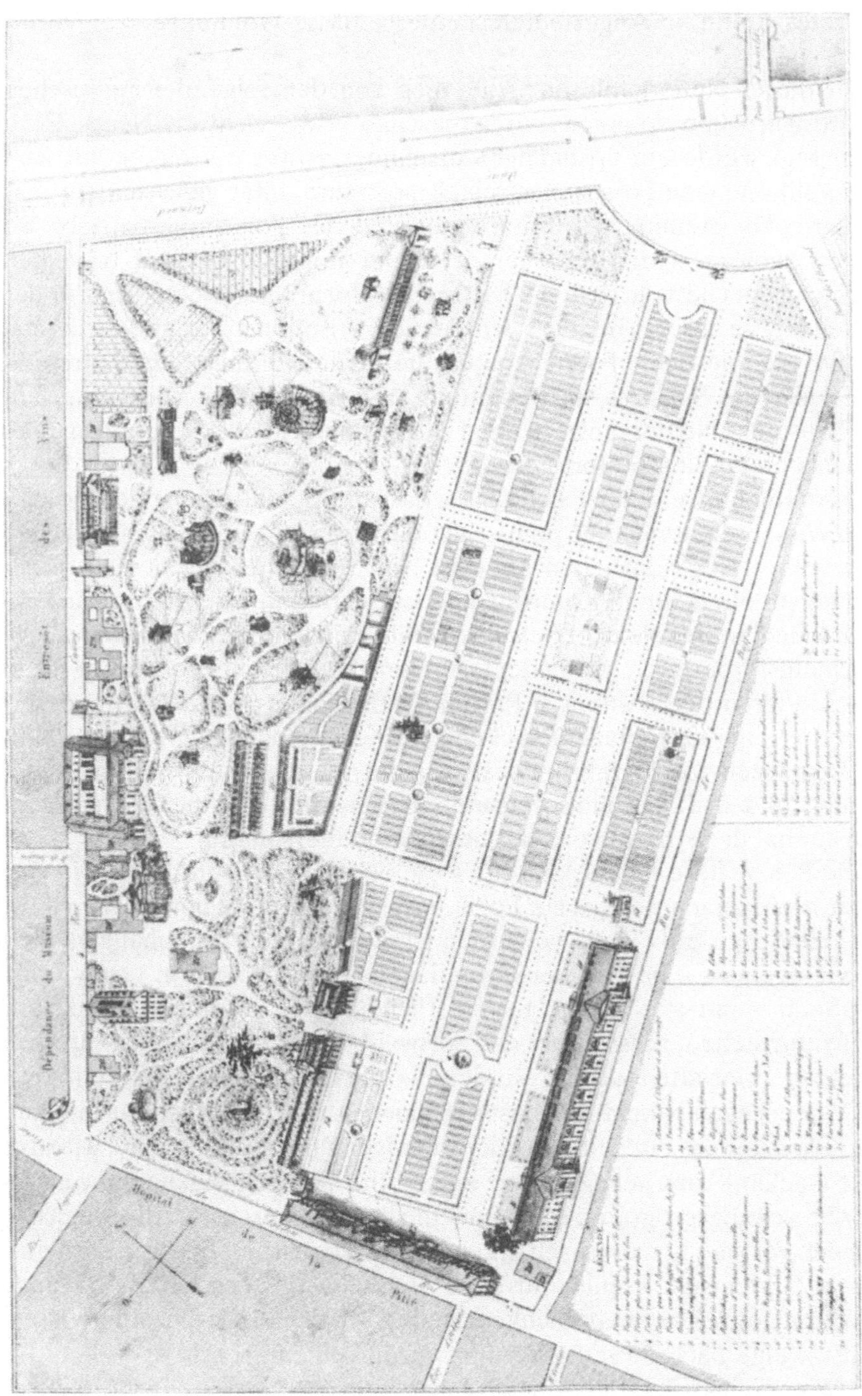

Übersichtsplan des Jardin des Plantes in Paris. Aus: Pierre Bernard; Louis Couailhac: *Le Jardin des Plantes.* Paris 1842.

die Professoren und Angestellten standesgemässe Wohnungen zur Verfügung.

Mit dieser Neuorganisation, die auch von den folgenden politischen Machtträgern übernommen wurde, geschah etwas weltweit Neues. Zum ersten Mal wurde ein Grundlagenforschungsinstitut geschaffen, an welchem vollkommene Forschungsfreiheit herrschte unter gleichzeitiger materieller Sicherstellung der Mitarbeiter und des Forschungsbetriebs. So kam es, dass das «Muséum» gerade in der politisch äusserst bewegten Geschichtsepoche von 1790 bis 1840 seine Hochblüte erlebte. Erst in der zweiten Hälfte des Jahrhunderts wurde die Institution durch andere Staatsinstitute, wie die Ecole Polytechnique, die Ecole Normale Supérieure und die Faculté des Sciences, an Bedeutung überrundet. Das Museum erlebt eine Phase des Niedergangs, bedingt durch unglückliche Berufungen, Nepotismus und politische Intrige.

Zusammenfassend lässt sich sagen, dass die Beeinflussung der biologischen Wissenschaften durch politische Machtträger in jeder geschichtlichen Epoche ihre Besonderheiten aufweist. Im Mittelalter macht sich dieser Einfluss vor allem durch Kontrolle und Einschränkung der Lehre bemerkbar. Zu Beginn der Neuzeit betreiben viele Fürsten eine zweckorientierte Forschungsförderung, und mit der Gründung königlicher Akademien – und im besonderen der erwähnten Pariser Institutionen im 17. Jahrhundert – findet die reine Grundlagenforschung vermehrt mächtige Gönner. Totalitäre Doktrinen des 20. Jahrhunderts wie die des Marxismus stalinistischer Prägung und des Nationalsozialismus beschwören für die Wissenschaft noch einmal die Schatten des Inquisitionszeitalters herauf.

Die beispiellose Entwicklung der biologischen Wissenschaften in den letzten drei Jahrzehnten hat zur Folge, dass Forschung auf den meisten ihrer Teilgebiete sehr aufwendig geworden ist, was vermehrte Abhängigkeiten von Geldgebern – im Fall der Grundlagenwissenschaften in erster Linie dem Staat – mit sich bringt. Da staatliche Mittel nie unbeschränkt zur Verfügung stehen, müssen bei der Auswahl von unterstützungswürdigen Projekten Prioritäten gesetzt werden, wobei die Kriterien bei Politikern und Wissenschaftern naturgemäss verschieden sind. Während für die Politiker Plausibilität und eine vordergründige Opportunität eine wichtige Rolle spielen – man sehe sich nur einmal die Themen sogenannter nationaler Forschungsprogramme an –, möchte der Wissenschafter die Stossrichtung der Forschung mehr nach erkenntnistheoretischen Bedürfnissen ausrichten. Eine grosse Gefahr für die biologische Wissenschaft, im Grunde genommen eine Ungeheuerlichkeit, stellen Versuche dar, einzelne Wissenschaftszweige nach ihrer Förderungswürdigkeit rangieren zu wollen. Da jede Wissenschaft letztlich etwas Ganzheitliches darstellt, droht dadurch irreversible Verzerrung oder Verstümmelung. Diese Gefahr kann gemildert werden durch Beizug kompetenter und für alle Teilgebiete repräsentativer Fachgremien.

## Ergänzende Literaturliste

Anker, Jahn; Dahl, Svend: *Werdegang der Biologie*. Karl W. Hiersemann, Leipzig 1938.

Jahn, Ilse; Löther, Rolf; Senglaub, Konrad: *Geschichte der Biologie*. VEB Gustav Fischer Verlag, Jena 1982.

Fromm, Erich: *Die Furcht vor der Freiheit*. Europ. Verlagsanstalt, Frankfurt am Main 1970.

Medwedjew, Shores A.: *Der Fall Lyssenko: Eine Wissenschaft kapituliert*. Deutscher Taschenbuch Verlag, München 1974.

Stresemann, Erwin: *Die Entwicklung der Ornithologie*. Hans Limbert, Aachen 1951.

Zimmermann, Walter: *Evolution. Die Geschichte ihrer Probleme und Erkenntnisse*. Verlag Karl Alber, Freiburg/München 1953.

Ziswiler, Vincent: Die Biologie der Aufklärungszeit. *Vierteljahrsschrift der Naturforschenden Gesellschaft in Zürich* 127/2 (1982), 177–191.

## Anmerkungen

1 Russische Namen werden in der deutschen Schreibweise zitiert wie in Medwedjew 1974. Für die englische Originalausgabe und weitere Literaturangaben zu Medwedjew [Medvedev] siehe die Literaturauswahl am Ende dieses Bandes.

# Wissenschaft im heutigen Europa Aussichten und Probleme

*Eugen Seibold*[1]

Als ich mich im Sommer 1989 in Washington aufhielt, wurde ich von meinen Gesprächspartnern wiederholt gefragt, was sich hinter dem Schlagwort ‹Europa 92› verberge; meine Antwort lautete jeweils: «Vor 500 Jahren haben die Europäer Amerika entdeckt. Heute beginnt Amerika Europa und dieses sich selbst zu entdecken.» Ich konnte damals noch nicht ahnen, wie sehr diese «Selbstentdeckung» Europas durch die Ereignisse des darauffolgenden Herbstes und Winters im östlichen Europa gefördert würde. Entdeckung ist aber immer nur Voraussetzung, Anfang weiterer Entwicklungen. Aus diesem Grunde sind meine Ausführungen, zumindest soweit sie die Zukunft der Wissenschaften in Europa betreffen, naturgemäss mit Unsicherheiten behaftet.

Mein Beitrag gliedert sich in vier Abschnitte. Am Anfang soll ein Blick zurück in die Vergangenheit stehen. In einem zweiten Abschnitt werde ich versuchen zu zeigen, welches ökonomische und wissenschaftliche Potential in Europa gegenwärtig vorhanden ist. Die erheblichen Anstrengungen, die in den vergangenen Jahrzehnten bereits unternommen wurden, um dieses Potential durch grenzüberschreitende Zusammenarbeit besser zu nutzen, sind Gegenstand des dritten Abschnitts. Abschliessend soll auf einige Probleme hingewiesen werden, die noch zu lösen sind, wenn die Möglichkeiten, welche die wissenschaftliche Zusammenarbeit für die Entwicklung Europas bietet, optimal genutzt werden sollen.

**Ein Blick zurück – Die Wissenschaft und die Vergangenheit Europas**

Der Beginn der Wissenschaft in der griechischen Antike ist aufs engste verknüpft mit der damals entstandenen Möglichkeit selbständigen Denkens und der öffentlichen Diskussion darüber. Vieles davon gelangte auf

dem Umweg über die Araber zu uns, angereichert mit ihren eigenen
Erfahrungen; später kamen experimentelle Erkenntnisse dazu. Im
16. /17. Jahrhundert entstanden auf dieser Grundlage in Europa neue
Paradigmen, welche für die Wissenschaft noch heute grundlegend sind.

Die rationale Betrachtungsweise, der methodische Zweifel am Herge-
brachten und an den eigenen Ergebnissen, die experimentelle Forschungs-
methode, aber auch die zunehmende Spezialisierung haben der Wissenschaft zu immer grösseren Erfolgen verholfen. Entsprechend dem Bibel-
wort «macht euch die Erde untertan» wurde die Natur zum verfügbaren
Objekt der Erforschung und Nutzung durch den Menschen; ihre zunehmende Beherrschung verstärkte den Einfluss der Wissenschaften auf alle
Lebensbereiche. Die industrielle Umsetzung wissenschaftlicher Erkenntnisse vor allem seit dem 19. Jahrhundert trug dazu bei, dass sich um die
Jahrhundertwende die europäische Kultur und Wissenschaft mit ihrem
Fortschrittsglauben und Optimismus weltweit auszubreiten begannen.
Sichtbarster Ausdruck dieser Entwicklung war wohl die triumphale Kolo-
nialisierung ganzer Kontinente durch die europäischen Nationen.

Die Desillusionierung durch den Eindruck des Ersten Weltkriegs liess
die Stimmung dann allerdings umschlagen; Kulturpessimismus, der Glaube
an den unaufhaltsamen Niedergang Europas, wie er sich etwa in Oswald
Spenglers nach Kriegsende erschienenen Werk *Der Untergang des Abend-
landes* äussert, wurde zur verbreiteten Geisteshaltung kritischer Stimmen.
Die Folgen des Zweiten Weltkriegs führten schliesslich zum weitgehenden
Verlust der europäischen Kolonialreiche; Europa verlor die Kontrolle über
rund ein Viertel der Völker und ein Drittel der Kontinente wie auch der
Rohstoffe. Um 1800 lebte ein Fünftel der Weltbevölkerung in Europa; im
Jahre 2000 wird sein Anteil kaum mehr ein Zwanzigstel betragen. Gründe
genug für den Europessimismus der Nachkriegszeit!

Die USA dagegen gingen hinsichtlich ihres politischen und kulturellen
Einflusses gestärkt aus dem Zweiten Weltkrieg hervor und hatten nicht
zuletzt aufgrund ihrer militärischen Erfahrungen die Bedeutung der Forschung erkannt – ein meines Erachtens wesentlicher Grund für den ame-
rikanischen Aufstieg! Die Forschungseinrichtungen der USA wurden für
europäische Wissenschaftler aller Art und jeden Alters zu eigentlichen
Wallfahrtsorten; auch ich selbst verdanke Amerikas anregender Offenheit
ungemein viel.

Trotz dieser Entwicklung – gewissermassen als Antwort darauf – ver-
stärkten sich in Europa, parallel zu politischen Bemühungen, besonders in
den letzten zwei Jahrzehnten Tendenzen zur wissenschaftlichen Zusammenarbeit und zur Suche nach einer Art eigener Identität. Dies geschah
aus der Einsicht heraus, dass ein zersplittertes Europa gegen die Vereinig-

ten Staaten und Japan wirtschaftlich nicht konkurrenzfähig bleiben kann. Auch die politische und militärische Bedrohung durch die Sowjetunion mag eine Rolle gespielt haben; Europa konnte sich ja immer schon eher in *Reaktion* auf äussere Bedrohungen einigen als aus *eigenem Antrieb*. Trotz vielversprechender Anfänge steht aber in Europa noch eine Fülle von Möglichkeiten für eine fruchtbare Zusammenarbeit zur Verfügung!

### Das europäische Entwicklungspotential

Das in Europa verfügbare ökonomische und wissenschaftliche Potential im Vergleich mit demjenigen der anderen grossen Wirtschaftsräume lässt sich am einfachsten anhand einiger wohlbekannter und leicht zugänglicher statistischer Werte ermessen[2]. Zunächst einmal haben die in der EG zusammengeschlossenen westeuropäischen Staaten derzeit rund ein Drittel mehr Einwohner als die USA oder die Sowjetunion jeweils für sich alleine genommen. Zählt man die Einwohnerzahlen der EFTA-Staaten und der osteuropäischen Länder – ohne die Sowjetunion – dazu, ergibt sich ein Total von ungefähr 480 Millionen; eine Bevölkerungszahl, die in der Grössenordnung mit jener, welche die beiden Supermächte USA und UdSSR zusammen aufweisen (510 Mio.), durchaus verglichen werden kann. Die Wirtschaftsgrossmacht Japan hat demgegenüber bloss etwas mehr als ein Drittel der Einwohner der EG-Staaten. Vergleicht man nun die Bruttosozialprodukte pro Kopf der Bevölkerung miteinander, so ist auffallend, dass dasjenige der USA mit 16300 US-$ (1985) rund doppelt so gross ist wie das durchschnittliche der EG-Länder (8000 US-$). Auch dasjenige Japans ist mit 11400 US-$ immerhin noch gut 1 1/2 mal grösser als das der EG. Zahlen aus der UdSSR sind naturgemäss schwer zu vergleichen. Ähnliches gilt auch hinsichtlich der Anzahl der Wissenschaftler pro 10000 Einwohner. Die USA oder Japan weisen hier Werte auf, die rund das Doppelte der europäischen ausmachen. Natürlich sind derartige statistische Zahlen, infolge unterschiedlicher Definition des Begriffs «Wissenschaftler» etwa, mit grosser Vorsicht zu geniessen; immerhin scheinen sie auf ein erhebliches europäisches Defizit im wissenschaftlich-personellen Bereich hinzuweisen. Noch besorgniserregender wird dieses Bild, wenn man zusätzlich in Betracht zieht, dass die wichtigeren westeuropäischen Nationen die Forschung ähnlich hoch wie die USA und Japan, nämlich mit rund 2 bis 3% des Bruttosozialprodukts finanzieren.[3]

Die Gründe, die für dieses eklatante Hinterherhinken Europas verantwortlich sind, können natürlich im Rahmen dieses Beitrags nicht im einzelnen diskutiert werden; man kann auf der Grundlage dieses Vergleichs aber doch vermuten, dass die durchaus vorhandenen Ressourcen Europas ineffizient genutzt werden. Genau diese Tatsache ist für mich aber umgekehrt auch Anlass zur positiven Folgerung, dass wir in allen unseren europäischen Ländern noch erhebliche *Reserven* haben, die es auszuschöpfen gilt. In einigen Ländern, wie etwa Portugal, Griechenland oder Irland, sind zu ihrer Erschliessung freilich erhebliche eigene Anstrengungen nötig und ist ausländische Hilfe erforderlich: die Entwicklung dieses Potentials durch vermehrte Zusammenarbeit bedeutet eine echte Herausforderung für alle Europäer.

Natürlich gilt selbst in der Industrie oder für Forschungsinstitute manchmal die englische Ansicht «small is beautiful». Doch wie in der Wirtschaft bringt auch in der Wissenschaft ein grösserer Markt grundsätzlich mehr Information, mehr Konkurrenz, bessere finanzielle Möglichkeiten und mehr Mobilität. Mit all diesen quantitativen Erörterungen soll aber selbstverständlich nicht verdrängt werden, dass die *Qualität* in der Forschung stets das Wichtigste bleibt.

## Die Bestrebungen zur Förderung der wissenschaftlichen Zusammenarbeit in Europa

Einige wenige Elemente seien kurz erwähnt. Mit der Gründung der *Europäischen Gemeinschaft für Kohle und Stahl* (1951) und der *EG/Euratom* (1957) wurde auch die jeweilige sektorbezogene Forschung und Technologie gefördert. Seit etwa 1974 öffnet sich Brüssel aber mehr und mehr dem gesamten Spektrum von Forschung und Technologie, mit Ausnahme der Geisteswissenschaften. Gouvernementaler Initiative sind auch eine ganze Reihe europäischer Einrichtungen zur Förderung der Grundlagenforschung samt der dazu benötigten Technologie entsprungen: schon 1953 wurde der *Conseil Européen pour la Recherche Nucléaire* (CERN) mit Standort in Genf errichtet. Heute hat dieses Zentrum der Nuklearforschung 3500 eigene und 4000 externe Mitarbeiter und verfügt über einen jährlichen Haushalt von 800 Mio. sFr. Als weiteres Beispiel kann die 1975 gegründete *European Space Agency* (ESA) mit Sitz in Paris erwähnt werden, die sich, ausgestattet mit eigenen Instituten, 1800 Mitarbeitern und einem Jahresbudget von 1,6 Mia. ECU, der Forschung auf dem Gebiet der Raumfahrttechnik widmet. Zahlreiche weitere Beispiele europäischer Wissenschaftszusammenarbeit könnten hier noch angefügt werden; darunter auch manche, die auf bilateralen Übereinkünften beruhen, deshalb weniger bürokratiebeladen und damit oft auch flexibler sind.[4]

Der Ministerrat der EG hat im April 1990 einen neuen Rahmenplan für Forschung und Technologie aufgestellt, in welchem für die Periode 1990–1994 ein Budget von 5,7 Mia. ECU vorgesehen ist.[5] Dazu kommen 3,1 Mia. ECU aus dem noch bis 1991 laufenden Rahmenplan; insgesamt stehen also jährlich 1,76 Mia. ECU für die nächsten 5 Jahre zur Verfügung. Eingeschlossen sind dabei die vier eigenen Forschungsinstitute der EG.[6] Die Zahlen scheinen auf den ersten Blick enorm; doch muss man sich vor Augen halten, dass dieser Betrag nur ungefähr 3,5% des gesamten EG-Haushalts ausmacht und weniger als 5% der zusammengefassten internen nationalen Ausgaben zur Förderung von Forschung und Technologie. Aus der Tatsache, dass mehr als die Hälfte der Mittel für «Technologien» vorgesehen ist, geht klar hervor, dass die wirtschaftliche Anwendung absoluten Vorrang hat. Das ist bei einer Wirtschaftsgemeinschaft verständlich. Da die Kosten für Entwicklung ein Vielfaches der Aufwendungen für angewandte und Grundlagenforschung ausmachen, ist die praktische Bedeutung dieser Zahlen ohnehin nur schwer abzuschätzen. Grundlagenforschung ohne jede Vorgabe findet sich allenfalls unter der Rubrik «Nutzung der geistigen Ressourcen» – mit bescheidenen 9,5% am Gesamtvolumen dotiert – und zudem ganz am Schluss der Tabelle.

Als Reaktion auf die amerikanische und japanische Vormachtstellung auf dem Gebiet der Hochtechnologie wurde 1985 EUREKA ins Leben gerufen, eine Institution deren Mitgliederkreis über den der EG hinausgreifend auch die anderen westeuropäischen Länder sowie die Türkei umfasst. Im Rahmen dieses Programms wird versucht, die Zusammenarbeit von Forschungsinstituten und Unternehmungen aus mindestens zwei Mitgliedstaaten zur Entwicklung marktfähiger Produkte aus dem Hochtechnologiebereich schnell und unbürokratisch zu fördern. Bis 1989 wurden für 297 Projekte rund 7,5 Mia. US-$ ausgegeben, wobei von der Wirtschaft beträchtliche Eigenleistungen erbracht wurden.[7]

Nach meinen bisherigen Erfahrungen mit und in Brüssel ist sicherlich viel erreicht worden, was die Förderung anwendungsorientierter, auf bestimmte Themen ausgerichteter Forschung betrifft. Umwelt, Gesundheit, Nahrung, Energie und Sicherheitsvorkehrungen sind für uns alle wichtig. Der Wissenstransfer Forschung–Produktion, der bei den Grossfirmen schon immer gepflegt wurde, ist wahrscheinlich auch für Klein- und Mittelbetriebe verbessert worden. Auf alle Fälle haben aber die Aktivitäten der letzten beiden Jahrzehnte viele Personen miteinander in Kontakt gebracht, eine Voraussetzung für den Erfolg der oft heiklen Bemühungen zur Verbesserung der Zusammenarbeit zwischen der Forschung und Firmen verschiedenster Grösse und Struktur.

Allerdings muss auch erwähnt werden, dass mit der bürokratischen Unübersichtlichkeit und Überfrachtung, mit dem durchgängigen Glauben an Planbarkeit, mit den detaillierten Auflagen für Bewerbungen manchmal nur die Verwaltung in Brüssel selbst oder aber trainierte Lobbyisten zurecht kommen. Dieser Umstand schreckt viele der besten Forscher ab. Und allein von diesen sind Vorstösse ins Neuland zu erwarten, von denen angenommen werden darf, dass sie manche unserer so drängenden Sorgen in *überraschender,* also ungeplanter Weise lösen werden. Besonders die deutschen Erfahrungen – sowohl unter dem Nationalsozialismus wie unter der kommunistischen Herrschaft in der ehemaligen DDR – zeigen überdies, welch negative, lähmende Auswirkungen Versuche der Regierungen zur direkten Einflussnahme auf die Grundlagenforschung haben können.

Neben den mit Milliardenbeträgen finanzierten, gouvernemental oder industriell initiierten Institutionen existiert im europäischen Rahmen natürlich noch eine ganze Reihe weiterer, weniger spektakulär ausgestatteter Organisationen grenzüberschreitender wissenschaftlicher Zusammenarbeit. Es gibt heute sicher mehr als 300 europäische Fachgesellschaften, darunter so angesehene wie die *European Physical Society* mit über 4000 Mitgliedern oder die *European Union of Geosciences*, die alle zwei Jahre in Strassburg an die 2000 Tagungsteilnehmer zusammenbringt. 1988, dreihundert Jahre nach Gründung der ersten grossen nationalen Akademien, entstand die *Academia Europaea.* Sie hat sich zum Ziel gesetzt, einzelnen, eigenverantwortlichen Wissenschaftlern Gehör zu verschaffen und ihre Zusammenarbeit in ganz Europa zu verbessern. Sie setzt zu diesem Zweck Arbeitsgruppen ein, organisiert Symposien und ähnliche Treffen und publiziert deren Ergebnisse. Schliesslich muss auch die 1974 gegründete *European Science Foundation* (ESF) in Strassburg erwähnt werden. Ihr gehören zur Zeit 53 Mitglieder an, d. h. Forschungsräte und Akademien aus 19 westeuropäischen Ländern (auch aus der Schweiz). Sie hat es sich zur Aufgabe gemacht, Wissenschaftler zusammenzubringen. Dies geschieht in projektbezogenen Arbeitstreffen, Forschungsnetzen (derzeit 19, von der Polarforschung bis zur Wirtschaftsgeschichte zwischen den beiden Weltkriegen[8]) und längerdauernden Programmen, von denen 1990 16 im Gange sind, wobei das Spektrum der Themen von der Europäischen Geotraverse[9] bis zur Entstehung des modernen Staates zwischen dem 13. und 18. Jahrhundert reicht. Der Grundhaushalt der ESF beläuft sich zur Zeit auf jährlich nicht ganz 3 Mio. ECU, wozu noch rund 6 Mio. ECU für Beteiligungen «à la carte» an den erwähnten Programmen kommen.

Nach meinen Erfahrungen waren die Bemühungen der *European Science Foundation* bisher stets dann besonders erfolgreich, wenn Themen bearbeitet wurden, zu deren Behandlung das jeweilige nationale personelle oder finanzielle Potential nicht ausreichte, oder wenn die Themenstellung bereits an sich einen gesamteuropäischen Charakter aufwies. Die Auswahl der Projekte richtet sich weitgehend nach den mit Hilfe der Mitgliederorganisationen ermittelten Interessen der Forscher; denn Grundlagenforschung ist ja wesensgemäss mit der Forderung nach ungebundener, freier Realisierung der Neigungen und Interessen des einzelnen Wissenschaftlers verbunden.

### Die Zukunft – Chancen und Probleme

Folgende Punkte scheinen mir dabei besonders bedeutsam:

1. Um unsere Chancen in und für Europa besser nutzen zu können[10], muss die wissenschaftliche Zusammenarbeit in Europa noch erheblich intensiviert werden. Nur so kann das vorhandene *personelle Potential* auch wirklich ausgenutzt werden. Die EG will im fünften Teil ihres Rahmenplans für die nächsten fünf Jahre einige hundert Millionen ECU für Zwei- bis Dreijahresstipendien zur Verfügung stellen; eine Massnahme, welche die Mobilität junger Forscher in Europa erhöhen soll. Es handelt sich dabei um die konsequente Weiterführung des ERASMUS-Programms der EG, das die Förderung des internationalen Studentenaustauschs zum Ziel hat. Die *European Science Foundation* hat zur Förderung der Mobilität Eurokonferenzen ins Leben gerufen, an denen jeweils einige erfahrene und einige Dutzend jüngere Forscher eine Woche lang konzentriert ein Rahmenthema behandeln sollen; die Mobilität der Personen kann so den Austausch der Gedanken einleiten und fördern. Der Reichtum Europas an verschiedenen, oft national geprägten Ideen, Methoden, Argumenten, ja Temperamenten könnte auf diese Weise ähnlich fruchtbar werden wie in den USA. Und so wie wir seinerzeit von den USA, könnten unsere Kollegen aus Osteuropa auf diesem Weg lernen, dass überall nur mit Wasser gekocht wird. Umgekehrt würden wir westeuropäische Forscher vielleicht erleben, dass man auch unter schlechteren Bedingungen gute Ideen haben kann.

Eine zweite Hoffnung ist, dass dadurch die Interdisziplinarität in der Forschung gefördert wird. Bei der Behandlung komplexer Fragen pflegt man in Europa leider vor allem an die einzelnen Spezialbeiträge zu denken, während in den USA die begrüssenswerte Tendenz vorherrscht, Spezialisten unterschiedlicher Fachgebiete in Projekten zusammenzubringen. Das amerikanische Tiefseebohrprojekt ODP (Ocean Drilling Program) liefert ein Beispiel dafür, wie an Bord eines Forschungsschiffes Geologen, Geochemiker, Petrologen und Paläontologen zusammenarbeiten.

Anders als in Amerika fallen in Europa freilich die Sprachbarrieren ins Gewicht. Das Europaparlament hat zwar gefordert, dass jeweils mindestens eine Fremdsprache gelernt werden sollte. Das aber müssten derzeit 80% der Iren, 76% der Italiener, 74% der Briten, 68% der Franzosen, 60% der Deutschen, 40% der Dänen und 28% der Niederländer noch nachholen.[11] Die oft vorgeschlagene ausschliessliche Förderung des Englischen verschafft zwar einigen einen Heimvorteil, benachteiligt aber alle andern. Denn gerade die Möglichkeit, sich differenziert auszudrükken, welche letztlich nur die Muttersprache bietet, trägt zum Erfolg vieler Aktivitäten in den USA bei. Hinzu kommt noch, dass, selbst wenn man – zumindest im naturwissenschaftlichen Bereich – in wohl allen wichtigeren Institutionen Englisch versteht und spricht, ein verheirateter Stipendiat doch zögern wird, zwei Jahre nach Finnland zu gehen, wo seine Familie sich zumindest anfangs recht verloren vorkommen muss.

2. Die bessere Nutzung des *finanziellen Potentials* durch Zusammenarbeit in Europa illustrieren Grossforschungsanlagen, wie etwas das bereits erwähnte CERN. Wenn dies aber zu übermässiger Konzentration führt, so besteht die Gefahr, dass die forschungsfremde Bürokratie allzu mächtig wird – wovor nicht nachhaltig genug gewarnt werden kann! Administration ist auch bei der Verteilung geringerer Mittel schon deshalb notwendig, um gerechte Behandlung der Forscher und saubere Verfahren zu garantieren. Sie darf aber das freie Spiel der Kräfte und Ideen als eigentliche Voraussetzungen der Kreativität durch ihr Wirken nicht verhindern. Deshalb sollte sie so klein wie möglich gehalten werden, so dass sie der Versuchung, alles «hundertzehnprozentig» regeln zu wollen, schon gar nicht erst ausgesetzt ist.

Eine Stärke Europas liegt nach wie vor in der Mannigfaltigkeit und Tradition der unterschiedlichen nationalen Forschungsorganisationen und -institute, in deren meist fruchtbarer Zusammenarbeit mit den Hochschulen, aber auch in der Mischung der zentralistisch ausgerichteten Ansätze Spaniens oder Frankreichs mit liberaleren, wie man sie in den Niederlanden, in England oder in der Bundesrepublik findet. Eine restlose Einebnung dieser Unterschiede würde wohl vor allem dazu führen, dass «quality» durch «equality» ersetzt würde. Man kann überdies wohl auch sagen, dass der Kampf um die Verteilung von Geldmitteln für den einzelnen nicht notwendigerweise gerechter wird, wenn sich nationale Lobbies daran beteiligen – es trifft dies vermutlich nicht einmal für den Butter- und Weinmarkt zu. Für die Forschung ist eine derartige Vorgehensweise aber besonders schädlich. Aus diesen Gründen sollte die zentrale Forschungsförderung durch die EG immer nur subsidiär bleiben.

3. Von Seiten der Wirtschaft und der Politik erwächst der Wunsch nach verstärkter *Einflussnahme auf die Forschung*. Ich brauche nicht zu wiederholen, wie sehr mir einleuchtet, dass wir die Leistungsfähigkeit der europäischen Wirtschaft mit Blick auf die USA und Japan stärken müssen. Die Fragen, die dabei entstehen, können freilich nicht allein durch Förderung der naturwissenschaftlich-technischen Forschung gelöst werden. Über demographische, rechtliche und mentalitätsmässige Probleme, die sich im Zuge dieser Leistungssteigerung ergeben, wie z. B. Arbeitslosigkeit, die weitverbreitete Risikoscheu etc., sollten Soziologen, Juristen und Psychologen vermehrt nachdenken.

Die politischen Entscheidungsträger und auch die Industrie fordern natürlich im allgemeinen anwendungsbezogene, schnell verwertbare Forschungsergebnisse – besonders Professoren pflegen aber die Bedeutung dieses Zeitfaktors gerne zu vergessen. Die Sicherung der Energie- und Nahrungsversorgung, der Schutz der Umwelt, die Erhaltung der Gesundheit sind zweifellos dringende Anliegen. Deshalb darf aber die Förderung der Grundlagenforschung keinesfalls ausschliesslich durch die unmittelbare gesellschaftliche Relevanz ihrer Ergebnisse bestimmt sein; Qualität und Ideologiefreiheit müssen als Ziele auch in diesem Bereich stets vorrangige Bedeutung haben.

Als heute vielleicht wichtigste Herausforderung bleibt uns, dies alles der breiten Öffentlichkeit, insbesondere den Medien zu vermitteln und darauf zu dringen, dass das Verständnis für die Forschung, für ihre Chancen und Grenzen, in der gesamten Erziehung grösseres Gewicht bekommt. Die Tendenz zur Skepsis, zur Feindschaft gegenüber der Wissenschaft, ja zum Aberglauben, zum Horoskop und anderen Irrationalitäten wird sich sonst gefährlich verstärken.

4. Zuletzt ein *Blick nach draussen*! Viele Einwohner Europas sind derzeit immer noch in erster Linie Schweizer oder Franzosen und erst in zweiter Linie Europäer. Wir geraten daher noch lange nicht in Gefahr, mit dem behutsamen Abbau nationaler Elemente einen Eurozentrismus heraufzubeschwören. Abkapselung verstösst gegen den Geist der Wissenschaft, die sich wohl nicht zufällig mit dem Buchdruck und der dadurch bewirkten Verbreitung von Kenntnissen so rasch entwickelt hat. Weltweite Probleme wie etwa der Schutz der Umwelt und die Einhaltung globaler Abkommen verlangen nach internationaler, interkontinentaler Zusammenarbeit auf allen Ebenen. Spezifische Beiträge aus Europa sind dazu notwendig – dies darf aber nicht dazu führen, dass die Freiheit der Forschung durch Vorgaben weiter eingeschränkt wird.

Ich bin zuletzt ein wenig eingegangen auf Aussichten und Probleme
einer engeren Zusammenarbeit in der Wissenschaft und auf die Span-
nungsfelder, in denen diese Kooperation steht. Ich hoffe, dass Europa
endlich einmal zugunsten einer gemeinsamen Sache einig zu sein vermag,
obwohl ich natürlich nur zu gut weiss, dass Widersprüche und Gegensätze
zu seinem Wesen gehören. Damit sind nicht so sehr nationale Gegensätze
gemeint, sondern die viel grundsätzlichere Spannung zwischen der Freiheit als Voraussetzung aller wirklichen Forschung und der Verantwortung
für das Ganze, eine Spannung, die ihren Ausdruck nicht zuletzt auch in
der spezifisch europäischen Staatsform der Demokratie findet.

Europäische Zusammenarbeit in der Wissenschaft muss sich aber auch
bewähren im Spannungsfeld zwischen Rationalismus und Irrationalismus,
zwischen Fortschritt und Tradition. Europa hat heute wohl mehr moderne
Forschungseinrichtungen als Schlösser und Kathedralen, aber es hat glück-
licherweise auch die letzteren (Die Museen möchte ich weglassen, denn
manche sind eher Forschungseinrichtungen – einige Forschungsstätten
aber auch eher Museen ...). Europa muss sich wie die Wissenschaft ständig
selbst in Frage stellen; nur dies kann Schutz gegen jene Erstarrung bieten,
wie sie die jahrzehntelange Herrschaft der kommunistischen Ideologie den
Ländern Osteuropas beschert hat.

«What's about Europe 1992?» – «Das lange Reden von Europa ist von
Europa selbst eingeholt worden»[12]; und dies schon vor dem Jahre 1992, von
dem ich einleitend ausging. Die politischen Veränderungen in Europa sind
auch für die Wissenschaften Anlass zu Hoffnung und Zuversicht für die
kommenden Jahrzehnte und Generationen.


## Anmerkungen

1 Vortrag UNI/ETH Zürich am 4. 7. 1990. Für die redaktionelle Umarbeitung zum Druck
   möchte ich mich bei den Herren E. Neuenschwander und P. Moser bedanken.
2 Vgl. für die folgenden Ausführungen die Zusammenstellung in Tabelle 1.
3 Auch bei diesen Zahlen sind natürlich unterschiedliche Definitionen der Messgrösse in
   Rechnung zu stellen; zudem fallen die Ausgaben für militärische Forschung sehr unterschiedlich ins Gewicht. Detaillierte Angaben zu dieser Problematik finden sich bei
   Lederman 1987.
4 Vgl. dazu Tabelle 2.
5 Vgl. dazu Tabelle 3.
6 Es handelt sich dabei um die im *Joint Research Centre* (JRC) zusammengefassten Laboratorien in Geel (Belgien), Ispra (Italien), Petten (Niederlande) und Karlsruhe (Deutschland).
7 Die Verteilung des EUREKA-Programms auf die einzelnen Mitgliederstaaten zeigt
   Tabelle 4.
8 Vgl. ESF Communications 1988, 1990.

9  Vgl. ESF Final Report 1990.
10  Ich klammere im folgenden die spezifische Problematik der Entwicklung in Osteuropa aus, weil dort derzeit alles zu sehr im Fluss ist. Vgl. hierzu Maddox 1990.
11  Für eine eingehende Erörterung der Sprachenproblematik und Vorschläge zu ihrer Lösung vgl. Finkenstaedt/Schröder 1990.
12  Frankfurter Allgemeine Zeitung vom 7. Oktober 1989.


## Ausgewählte neuere Literatur

ESF Communications: The Journal of the European Science Foundation, 19 (1988), 23 (1990) und Supplement, 1–50.

FAST-Gruppe (Hrsg.): *Die Zukunft Europas. Gestaltung durch Innovationen.* Springer-Verlag, Berlin (u. a.), 1987.

Finkenstaedt, Thomas; Schröder, Konrad: *Sprachschranken statt Zollschranken? Grundlegung einer Fremdsprachenpolitik für das Europa von morgen.* Materialien zur Bildungspolitik, Bd. 11. Stifterverband für die Deutsche Wissenschaft, Essen, 1990.

Lederman, Leonard L.: Science and Technology Policies and Priorities: A Comparative Analysis. *Science* 237 (1987); 1125–1133.

Rembser, J.: *Foreign Science Lecture Washington.* American Association for the Advancement of Science. Nov. 2, 1989. [Unveröffentlichtes Manuskript]

Maddox, John (et al.): Science in Europe. *Nature* 338 (1989), 717–736.

Maddox, John (et al.): Science in Eastern Europe. *Nature* 344 (1990). 599 620.

STI Indicators Newsletter: Scientific, Technological and Industrial Indicators Newsletter 10 (1987), OECD, Paris.

Wrigth, G. H. von: Images of science and forms of rationality. In: S. J. Doorman (ed.), *Images of Science. Scientific Practice and the Public.* Gower, Aldershot (u. a.), 1989. 11–29.

## Tabellen

**Tabelle 1**

| (Runde Zahlen) | Europa | | USA | Japan | UdSSR |
|---|---|---|---|---|---|
| | West | Ost | | | |
| Bevölkerung<br>Mio (1981/4) | (EG+EFTA)<br>350<br>EG12 = 320 | (+Yugo)<br>130 | 240 | 120 | 270 |
| Bruttosozialprodukt<br>Mia US$ (1985) | EG12 = 2560 | ? | 3900 | 1370 | 1380 |
| BSP pro E (US$, 1985) | EG = 8000<br>(D = 10900) | ? | 16300 | 11400 | 5100 |
| Forscher (1000) | 500 | 200 (?) | 720 | 350 | ? |
| Forscher pro 10000 E | 14<br>(D = 22) | 15 (?) | 30 | 29 | 126 (?) |

Vergleiche zwischen Europa, USA, Japan und UdSSR (Verschiedene Quellen, u. a. STI Indicators Newsletter 1987, Maddox 1989, Lederman 1987)

**Tabelle 2**

- European Space Agency (ESA), Paris
- European Organization for Nuclear Research (CERN), Genf
- European Organization for Astronomical Research in the Southern Hemisphere (ESO), Garching/La Silla (Chile)
- European Molecular Biology Conference (EMBC) and European Molecular Biology Laboratory (EMBL), Heidelberg
- Max von Laue–Paul Langevin Institute (ILL), Grenoble
- European Synchrotron Radiation Facility (ESRF), Grenoble
- European Centre for Medium-Range Weather Forecasts (ECMWF), Shinfield Park bei Reading, Grossbritannien
- European Transsonic Wind Tunnel (ETW), Köln
- French-German Research Institute Saint Louis (ISL), Saint Louis, Frankreich
- Fast Breeder Reactor Development (Deutschland, Frankreich, Italien, Benelux)
- Development, construction and operation of gas ultracentrifuge uranium enrichment plants (Deutschland, Niederlande, Grossbritannien)
- Airbus development (Deutschland, Frankreich, Italien, Spanien)
- Development and operation of broadcasting satellites (Deutschland, Frankreich)
- Development of a 4 megabit chip (Deutschland, Niederlande)

Europäische gouvernementale Organisationen, Institute und Projekte für Forschung und Technologie

**Tabelle 3**

| 3. Rahmenprogramm der EG für Forschung und Entwicklung (1990–1994) | |
| --- | --- |
| *I – Grundlegende Technologien* | |
| 1. Informations- und Kommunikationstechnologien | 2221 Mio. ECU |
| 2. Industrielle und Werkstofftechnologien | 888 Mio. ECU |
| | |
| *II – Nutzung der natürlichen Ressourcen* | |
| 3. Umwelt (inkl. Meeresforschung) | 518 Mio. ECU |
| 4. Biowissenschaften und -technologien | 741 Mio. ECU |
| 5. Energie | 814 Mio. ECU |
| | |
| *III – Nutzung der geistigen Ressourcen* | |
| 6. Mensch und Mobilität | 518 Mio. ECU |
| | |
| Insgesamt | 5700 Mio. ECU |

Dritter Rahmenplan zur Förderung von Forschung, Technologie und Entwicklung der Kommission der Europäischen Gemeinschaften (Bulletin der Europäischen Gemeinschaften [Kommission] 12/1989, S. 36)

**Tabelle 4**

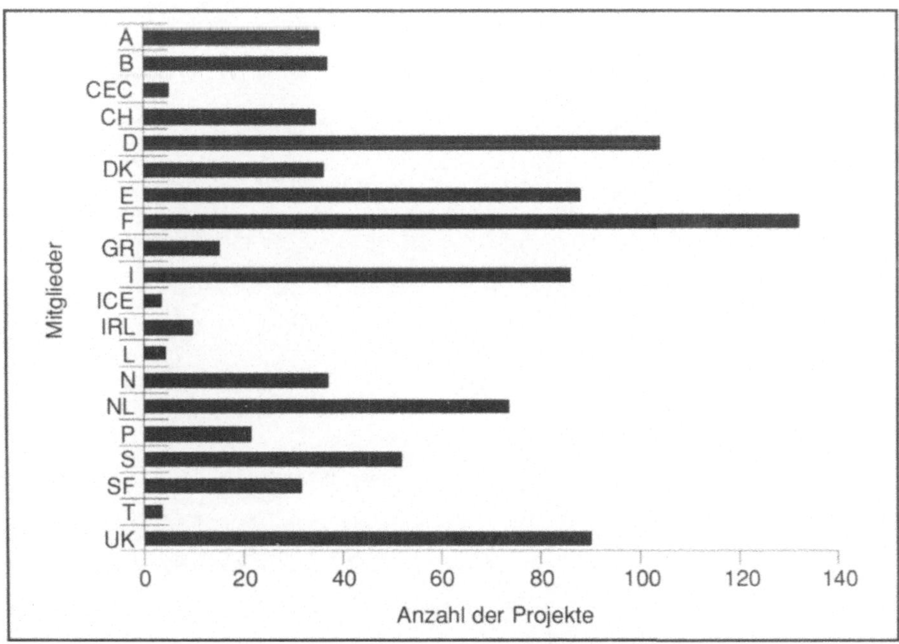


EUREKA – Projektbeteiligungen Stand 3. 7. 1989 (nach Rembser 1989)
[CEC = Commission of the European Communities, d.h. Gemeinschaftsprogramm]

# *Literaturauswahl*
## *zur Einführung*

### *Erwin Neuenschwander*


Adas, Michael: *Machines as the Measure of Men. Science, Technology, and Ideologies of Western Dominance*. Cornell University Press, Ithaca, N.Y./London, 1989.

Agassi, Joseph: *Science and Society. Studies in the Sociology of Science*. Boston Studies in the Philosophy of Science, vol. 65. Reidel, Dordrecht/Boston/London, 1981.

Alter, Peter: *Wissenschaft, Staat, Mäzene. Anfänge moderner Wissenschaftspolitik in Grossbritannien 1850–1920*. Veröffentlichungen des Deutschen Historischen Instituts London, Bd. 12. Klett-Cotta, Stuttgart, 1982.

Anderson, Robert S.; Brass, Paul R.; Levy, Edwin; Morrison, Barrie M. (eds.): *Science, Politics, and the Agricultural Revolution in Asia*. AAAS Selected Symposia Series, vol. 70. Westview Press, Boulder, 1982.

Andersson, Gunnar (ed.): *Rationality in Science and Politics*. Boston Studies in the Philosophy of Science, vol. 79. Reidel, Dordrecht/Boston/Lancaster, 1984.

Andresen, Steinar; Østreng, Willy (eds.): *International Resource Management: the role of science and politics*. Belhaven Press, London/New York, 1989.

Aronowitz, Stanley: *Science as Power. Discourse and Ideology in Modern Society*. Macmillan, Houndmills, 1988.

Assmann, Jan: *Das kulturelle Gedächtnis: Schrift, Erinnerung und politische Identität in frühen Hochkulturen*. Beck, München, 1992.

Balmer, Heinz; Glaus, Beat (Hrsg.): *Die Blütezeit der arabischen Wissenschaft*. Verlag der Fachvereine, Zürich, 1990.

Bechmann, Gotthard; Meyer-Krahmer, Frieder (Hrsg.): *Technologiepolitik und Sozialwissenschaft*. Campus Forschung, Bd. 483. Campus, Frankfurt/New York, 1986.

Bergier, Jean-François (Hrsg.): *Zwischen Wahn, Glaube und Wissenschaft: Magie, Astrologie, Alchemie und Wissenschaftsgeschichte*. Verlag der Fachvereine, Zürich, 1988.

Bernal, John Desmond: *Science in History*, 4 vols. Illustrated edition: Pelican Book, A994–A997. Penguin Books Ltd, Harmondsworth, England, 1969.

Bernon, Michel; Bodelle, Jacques: *La science en Amérique*. Robert Laffont, Paris, 1987.

Beyerchen, Alan D.: *Scientists under Hitler. Politics and the Physics Community in the Third Reich*. Yale University Press, New Haven/London, 1977. Deutsche Übersetzung: *Wissenschaftler unter Hitler. Physiker im Dritten Reich*. Kiepenheuer & Witsch, Köln, 1980.

Bodde, Derk: *Chinese Thought, Society, and Science. The Intellectual and Social Background of Science and Technology in Pre-modern China*. University of Hawaii Press, Honolulu, 1991.

Boehm, Laetitia; Raimondi, Ezio (eds.): *Università, Accademie e Società scientifiche in Italia e in Germania dal Cinquecento al Settecento*. Annali dell'Istituto storico italo-germanico, Quaderno 9. Mulino, Bologna, 1981.

Boehm, Laetitia; Müller, Rainer A. (Hrsg.): *Universitäten und Hochschulen in Deutschland, Österreich und der Schweiz. Eine Universitätsgeschichte in Einzeldarstellungen*. Hermes Handlexikon. Econ, Düsseldorf/Wien, 1983.

Bogdanor, Vernon (ed.): *Science and politics.* The Herbert Spencer Lectures 1982. Clarendon Press, Oxford, 1984.

Böhme, Gernot; van den Daele, Wolfgang; Krohn, Wolfgang: *Experimentelle Philosophie. Ursprünge autonomer Wissenschaftsentwicklung.* Suhrkamp Taschenbuch Wissenschaft 205. Suhrkamp Verlag, Frankfurt am Main, 1977.

Böhme, Gernot; van den Daele, Wolfgang; Hohlfeld, Rainer; etc.: *Die gesellschaftliche Orientierung des wissenschaftlichen Fortschritts.* Starnberger Studien 1. Suhrkamp Verlag, Frankfurt am Main, 1978.

Böhme, Gernot: *Alternativen der Wissenschaft.* Suhrkamp Taschenbuch Wissenschaft 334. Suhrkamp Verlag, Frankfurt am Main, 1980.

Böhme, Gernot: *Wissenschaft-Technik-Gesellschaft. Zehn Semester interdisziplinäres Kolloquium an der THD.* THD-Schriftenreihe Wissenschaft und Technik, Bd. 25. Technische Hochschule Darmstadt, Darmstadt, 1984.

Böhme, Gernot: *Coping with Science.* Westview Press, Boulder/San Francisco/Oxford, 1992.

Bromberg, Joan Lisa: *Fusion: Science, Politics, and the Invention of a New Energy Source.* MIT Press, Cambridge Mass./London, 1982.

Bruch, Rüdiger vom: *Wissenschaft, Politik und öffentliche Meinung: Gelehrtenpolitik im Wilhelminischen Deutschland (1890–1914).* Historische Studien, Heft 435. Matthiesen, Husum, 1980.

Bruch, Rüdiger vom; Müller, Rainer A. (Hrsg.): *Formen ausserstaatlicher Wissenschaftsförderung im 19. und 20. Jahrhundert. Deutschland im europäischen Vergleich.* Vierteljahrschrift für Sozial- und Wirtschaftsgeschichte, Beiheft Nr. 88. Steiner, Stuttgart, 1990.

Buican, Denis: *L'éternel retour de Lyssenko.* Cartouche, vol. 3. Copernic, Paris, 1978.

Burns, Michael E. (ed.): *Low-Level Radioactive Waste Regulation: Science, Politics and Fear.* Lewis, Chelsea Mich., 1988.

Busch, Lawrence; Lacy, William B.: *Science, Agriculture, and the Politics of Research.* Westview Press, Boulder, 1983.

Busch, Lawrence; Lacy, William B.; Burkhardt, Jeffrey; Lacy, Laura R.: *Plants, Power, and Profit. Social, Economic, and Ethical Consequences of the New Biotechnologies.* Blackwell, Cambridge Mass./Oxford, 1991.

Byrne, Kevin B. (ed.): *Responsible Science. The Impact of Technology on Society.* Nobel Conference XXI. Harper & Row, San Francisco etc., 1986.

Catenhusen, Wolf-Michael; Neumeister, Hanna (Hrsg.): *Chancen und Risiken der Gentechnologie.* Dokumentation des Berichts der Enquete-Kommission an den Deutschen Bundestag. Gentechnologie: Chancen und Risiken, Bd. 12. Schweitzer, München, 1987.

Cohen, Robert S. (ed.): *The Social Implications of the Scientific and Technological Revolution.* A Unesco Symposium. Unesco, Paris, 1981.

Colton, Joel; Bruchey, Stuart (eds.): *Technology, the Economy, and Society. The American Experience.* Columbia University Press, New York, 1987.

Cozzens, Susan E.; Gieryn, Thomas F. (eds.): *Theories of Science in Society.* Indiana University Press, Bloomington/Indianapolis, 1990.

Crousse, Bernard; Quermonne, Jean-Louis; Rouban, Luc (eds.): *Science politique et Politique de la science.* Economica, Paris, 1986.

van den Daele, Wolfgang; Krohn, Wolfgang; Weingart, Peter (Hrsg.): *Geplante Forschung. Vergleichende Studien über den Einfluss politischer Programme auf die Wissenschaftsentwicklung.* Suhrkamp Taschenbuch Wissenschaft 229. Suhrkamp Verlag, Frankfurt am Main, 1979.

Daudel, Raymond; Lemaire D'Agaggio, Nicole (eds.): *Life Sciences and Society.* Proceedings of an International Colloquium on Great and Recent Discoveries in the Biomedical and Social Sciences, and their Impact on the Evolution and Understanding of our Society, Stockholm, Sweden, 26–28 November 1984. Elsevier, Amsterdam etc., 1986.

Davis, Nuel Phar: *Lawrence and Oppenheimer.* Simon and Schuster, New York, 1968. Deutsche Übersetzung: *Die Bombe war ihr Schicksal. Die Forscher Oppenheimer und Lawrence im Widerstreit von Wissenschaft und Politik.* Herder, Freiburg/Basel/Wien, 1971.

Del Sesto, Steven L.: *Science, Politics, and Controversy: Civilian Nuclear Power in the United States, 1946–1974*. Westview Press, Boulder, 1979.

Denis, Hélène: *Technologie et Société. Essai d'analyse systémique*. Éditions de l'École Polytechnique de Montréal, Montréal, 1987.

Dickson, David: *The New Politics of Science*. Pantheon Books, New York, 1984.

Dietze, Gottfried: *Politik – Wissenschaft*. Duncker & Humblot, Berlin, 1989.

Dijksterhuis, Eduard Jan: *Die Mechanisierung des Weltbildes*. Springer, Berlin/Göttingen/Heidelberg, 1956.

Doehlemann, Martin (Hrsg.): *Wem gehört die Universität? Untersuchungen zum Zusammenhang von Wissenschaft und Herrschaft anlässlich des 500jährigen Bestehens der Universität Tübingen*. Anabas-Verlag, Lahn-Giessen, 1977.

Döring, Hans-Walter: *Technik und Ethik. Die sozialphilosophische und politische Diskussion um die Gentechnologie*. Campus, Frankfurt/New York, 1988.

Duclos, Denis: *La peur et le savoir. La société face à la science, la technique et leurs dangers*. Éditions La Découverte, Paris, 1989.

Dunnette, David A.; O'Brien, Robert J. (eds.): *The Science of Global Change. The Impact of Human Activities on the Environment*. ACS Symposium Series, vol. 483. American Chemical Society, Washington DC, 1992.

Eckert, Michael; Osietzki, Maria: *Wissenschaft für Macht und Markt: Kernforschung und Mikroelektronik in der Bundesrepublik Deutschland*. Beck, München, 1989.

Eigen, Manfred: *Perspektiven der Wissenschaft. Jenseits von Ideologien und Wunschdenken*. Deutsche Verlags-Anstalt, Stuttgart, 1988.

Ferré, Frederick (ed.): *Technology and Politics*. Research in Philosophy and Technology, vol. 11. JAI Press, Greenwich Conn./London, 1991.

Ferré, Frederick (ed.): *Technology and the Environment*. Research in Philosophy and Technology, vol. 12. JAI Press, Greenwich Conn./London, 1992.

Flöhl, Rainer (Hrsg.): *Genforschung – Fluch oder Segen? Interdisziplinäre Stellungnahmen*. Gentechnologie: Chancen und Risiken, Bd. 3. Schweitzer, München, 1985.

Fortescue, Stephen: *Science Policy in the Soviet Union*. Routledge, London/New York, 1990.

Fritsch, Bruno: *Mensch – Umwelt – Wissen. Evolutionsgeschichtliche Aspekte des Umweltproblems*. Verlag der Fachvereine/Teubner, Zürich/Stuttgart, 1990.

Galison, Peter; Hevly, Bruce (eds.): *Big Science. The Growth of Large-Scale Research*. Stanford University Press, Stanford, 1992.

Gatzemeier, Matthias (Hrsg.): *Verantwortung in Wissenschaft und Technik*. BI-Wissenschaftsverlag, Mannheim/Wien/Zürich, 1989.

Gill, Bernhard: *Gentechnik ohne Politik. Wie die Brisanz der Synthetischen Biologie von wissenschaftlichen Institutionen, Ethik- und anderen Kommissionen systematisch verdrängt wird*. Gentechnologie: Chancen und Risiken, Bd. 28. Campus, Frankfurt/New York, 1991.

Gillispie, Charles Coulston (ed.): *Dictionary of Scientific Biography*, 16 vols. Scribner, New York, 1970–1980.

Gimpel, Jean: *La révolution industrielle du Moyen Age*. Collection Points H19. Seuil, Paris, 1975. Englische Ausgabe: *The Medieval Machine. The Industrial Revolution of the Middle Ages*. Holt, Rinehart and Winston, New York, 1976. Deutsche Übersetzung: *Die industrielle Revolution des Mittelalters*. Artemis, Zürich/München, 1980.

Goggin, Malcolm L. (ed.): *Governing Science and Technology in a Democracy*. The University of Tennessee Press, Knoxville, 1986.

Goldman, Steven L. (ed.): *Science, Technology, and Social Progress*. Research in Technology Studies, vol. 2. Associated University Presses, London/Toronto, 1989.

Grant, Edward: *Physical Science in the Middle Ages*. Cambridge University Press, Cambridge etc., 1977. Deutsche Übersetzung: *Das physikalische Weltbild des Mittelalters*. Artemis, Zürich/München, 1980.

Greenberg, Daniel S.: *The Politics of Pure Science. An Inquiry into the Relationship between Science & Government in the United States*. New American Library, New York/Scarborough, 1971.

Gros, François; Jacob, François; Royer, Pierre: *Sciences de la vie et société. Rapport présenté à M. le Président de la République*. La Documentation française, Paris, 1979.

Grosch, Klaus; Hampe, Peter; Schmidt, Joachim (Hrsg.): *Herstellung der Natur? Stellungnahmen zum Bericht der Enquete-Kommission «Chancen und Risiken der Gentechnologie»*. Gentechnologie: Chancen und Risiken, Bd. 21. Campus, Frankfurt/New York, 1990.

Grove, Jack William: *In Defence of Science: Science, Technology, and Politics in Modern Society*. University of Toronto Press, Toronto/Buffalo/London, 1989.

Guha, Anton-Andreas; Papcke, Sven (Hrsg.): *Entfesselte Forschung. Die Folgen einer Wissenschaft ohne Ethik*. Fischer Taschenbuch Verlag, Frankfurt am Main, 1988.

Hague, Douglas (ed.): *The Management of Science*. Proceedings of Section F (Economics) of the British Association for the Advancement of Science, Sheffield, 1989. Macmillan, Houndmills/London, 1991.

Hartmann, Fritz; Vierhaus, Rudolf (Hrsg.): *Der Akademiegedanke im 17. und 18. Jahrhundert*. Wolfenbütteler Forschungen, Bd. 3. Jacobi, Bremen/Wolfenbüttel, 1977.

Hartwich, Hans-Hermann (Hrsg.): *Politik und die Macht der Technik*. 16. wissenschaftlicher Kongress der DVPW, 7. bis 10. Oktober 1985 in der Ruhr-Universität Bochum, Tagungsbericht. Westdeutscher Verlag, Opladen, 1986.

Hennen, Leonhard: *Technisierung des Alltags. Ein handlungstheoretischer Beitrag zur Theorie technischer Vergesellschaftung*. Studien zur Sozialwissenschaft, Bd. 104. Westdeutscher Verlag, Opladen, 1992.

Hermann, Armin: *Wie die Wissenschaft ihre Unschuld verlor. Macht und Missbrauch der Forscher*. Deutsche Verlags-Anstalt, Stuttgart, 1982.

Hermann, Armin; Schumacher, Rolf (Hrsg.): *Das Ende des Atomzeitalters? Eine sachlich-kritische Dokumentation*. Moos, München, 1987.

Hermann, Armin; Dettmering, Wilhelm (Hrsg.): *Technik und Kultur*. 10 Bde. und Register. VDI, Düsseldorf, 1989ff.

Hilpert, Ulrich: *Staatliche Forschungs- und Technologiepolitik und offizielle Wissenschaft. Wissenschaftlich-technischer Fortschritt als Instrument politisch vermittelter technologisch-industrieller Innovation*. Studien zur Sozialwissenschaft, Bd. 76. Westdeutscher Verlag, Opladen, 1989.

Holton, Gerald; Blanpied, William A. (eds.): *Science and its Public: The Changing Relationship*. Boston Studies in the Philosophy of Science, vol. 33. Reidel, Dordrecht/Boston, 1976.

Holzhey, Helmut; Jauch, Ursula Pia; Würgler, Hans (Hrsg.): *Forschungsfreiheit. Ein ethisches und politisches Problem der modernen Wissenschaft*. Zürcher Hochschulforum, Bd. 18. Verlag der Fachvereine, Zürich, 1991.

Hughes, Thomas P.: *American Genesis. A Century of Invention and Technological Enthusiasm 1870–1970*. Viking Penguin, New York, 1989. Deutsche Übersetzung: *Die Erfindung Amerikas. Der technologische Aufstieg der USA seit 1870*. Beck, München, 1991.

Im Hof, Ulrich: *Das gesellige Jahrhundert. Gesellschaft und Gesellschaften im Zeitalter der Aufklärung*. Beck, München, 1982.

Janicaud, Dominique (ed.): *Les pouvoirs de la science. Un siècle de prise de conscience*. Problèmes et Controverses, Publications du Centre de Recherches d'Histoire des Idées de l'Université de Nice. Vrin, Paris, 1987.

Jaufmann, Dieter; Kistler, Ernst (Hrsg.): *Einstellungen zum technischen Fortschritt. Technikakzeptanz im nationalen und internationalen Vergleich*. Campus, Frankfurt/New York, 1991.

Jonas, Hans: *Das Prinzip Verantwortung. Versuch einer Ethik für die technologische Zivilisation*. Insel, Frankfurt am Main, 1979. [4]1983.

Josephson, Paul R.: *Physics and Politics in Revolutionary Russia*. California Studies in the History of Science, vol. 9. University of California Press, Berkeley/Los Angeles/Oxford, 1991.

Kaiser, Jochen-Christoph; Nowak, Kurt; Schwartz, Michael: *Eugenik, Sterilisation, «Euthanasie».
Politische Biologie in Deutschland 1895–1945.* Eine Dokumentation. Union, Berlin, 1992.

Khuon, Ernst von; Laupsien, Hermann (Hrsg.): *Forschung – kritisch gesehen. Die TELI
erschliesst Wissenschaft und Technik von heute und morgen.* Econ, Düsseldorf/Wien, 1979.

Klingmüller, Walter (Hrsg.): *Genforschung im Widerstreit.* 2., völlig neu bearbeitete und
ergänzte Auflage. Wissenschaftliche Verlagsgesellschaft, Stuttgart, 1986.

Kneen, Peter: *Soviet Scientists and the State. An Examination of the Social and Political Aspects
of Science in the USSR.* State University of New York Press, Albany, 1984.

Kost, Klaus: *Die Einflüsse der Geopolitik auf Forschung und Theorie der Politischen Geographie von ihren Anfängen bis 1945.* Ein Beitrag zur Wissenschaftsgeschichte der Politischen
Geographie und ihrer Terminologie unter besonderer Berücksichtigung von Militär- und
Kolonialgeographie. Bonner Geographische Abhandlungen, Heft 76. Dümmler, Bonn,
1988.

Kreibich, Rolf: *Die Wissenschaftsgesellschaft. Von Galilei zur High-Tech-Revolution.* Suhrkamp, Frankfurt am Main, 1986.

Krüger, Jens; Russ-Mohl, Stephan (Hrsg.): *Risikokommunikation. Technikakzeptanz, Medien
und Kommunikationsrisiken.* Sigma, Berlin, 1991.

Kuczynski, Jürgen: *Wissenschaft und Gesellschaft. Studien und Essays über sechs Jahrtausen-
de.* Zweite verbesserte und vermehrte Auflage: Akademie-Verlag, Berlin, 1972.

Kuehn, Thomas J.; Porter, Alan L. (eds.): *Science, Technology, and National Policy.* Cornell
University Press, Ithaca/London, 1981.

Kuhn, Thomas S.: *The Structure of Scientific Revolutions.* University of Chicago Press, Chicago, 1962. Second edition enlarged: Chicago 1970. Deutsche Übersetzung: *Die Struktur
wissenschaftlicher Revolutionen.* Suhrkamp Taschenbuch Wissenschaft 25. Suhrkamp,
Frankfurt am Main, 1973.

Kuhn, Thomas S.: *Die Entstehung des Neuen. Studien zur Struktur der Wissenschaftsgeschichte.*
Herausgegeben von Lorenz Krüger. Suhrkamp, Frankfurt am Main, 1977. Englische
Ausgabe: *The Essential Tension. Selected Studies in Scientific Tradition and Change.*
University of Chicago Press, Chicago/London, 1977.

Ladous, Régis: *Darwin, Marx, Engels, Lyssenko et les autres.* Vrin, Paris, 1984.

Lecourt, Dominique: *Lyssenko. Histoire réelle d'une «science prolétarienne».* Maspero, Paris,
1976.

Legay, Jean-Marie: *Qui a peur de la science? Travailleurs scientifiques, politique et société.*
Éditions sociales, Paris, 1981.

Lenoir, Timothy: *Politik im Tempel der Wissenschaft. Forschung und Machtausübung im
deutschen Kaiserreich.* Edition Pandora, Bd. 2. Campus, Frankfurt/New York, 1992.

Lévy-Leblond, Jean-Marc: *L'esprit de sel: Science, Culture, Politique.* Fayard, Paris, 1981.

Maass, Jürgen (Hrsg.): *Gentechnologie und soziale Verantwortung.* Ein Diskussionsbeitrag
des Linzer Arbeitskreises zur sozialen Verantwortung von Technik und Wissenschaft.
Technik- und Wissenschaftsforschung, Bd. 4. Profil, München, 1988.

Maier-Leibnitz, Heinz: *An der Grenze zum Neuen. Rollenverteilung zwischen Forschern und
Politikern in der Gesellschaft.* Texte + Thesen, Bd. 90. Interfrom, Zürich, 1977.

Maier-Leibnitz, Heinz: *Zwischen Wissenschaft und Politik. Ausgewählte Reden und Aufsätze
1974–1979.* Boldt, Boppard, 1979.

Maier-Leibnitz, Heinz: *Lernschock Tschernobyl.* Texte + Thesen, Bd. 191. Interfrom, Zürich,
1986.

Markl, Hubert: *Wissenschaft im Widerstreit. Zwischen Erkenntnisstreben und Verwertungs-
praxis.* VCH, Weinheim etc., 1990.

Marples, David R.: *The Social Impact of the Chernobyl Disaster.* Macmillan, Houndmills/Lon-
don, 1988.

Marsh, Rosalind J.: *Soviet Fiction since Stalin: Science, Politics, and Literature.* Croom Helm,
London/Sydney, 1986.

Mason, Stephen F.: *Main Currents of Scientific Thought. A History of the Sciences.* Schuman, New York, 1953. Deutsche Übersetzung: *Geschichte der Naturwissenschaft in der Entwicklung ihrer Denkweisen.* Kröner, Stuttgart, 1961. Reprint: GNT, Stuttgart, 1991.

McClellan III, James E.: *Science Reorganized: Scientific Societies in the Eighteenth Century.* Columbia University Press, New York, 1985.

McGinn, Robert E.: *Science, Technology, and Society.* Prentice Hall, Englewood Cliffs etc., 1991.

Medvedev, Zhores A.: *The Rise and Fall of T. D. Lysenko,* trans. I. M. Lerner. Columbia University Press, New York/London, 1969. Deutsche Übersetzung: *Der Fall Lyssenko. Eine Wissenschaft kapituliert.* Hoffmann und Campe, Hamburg, 1971.

Medvedev, Zhores A.: *Soviet Science.* Norton, New York, 1978.

Medvedev, Zhores A.: *Soviet Agriculture.* Norton, New York/London, 1987.

Medvedev, Zhores A.: *The Legacy of Chernobyl.* Blackwell, Oxford, 1990.

Mehrtens, Herbert; Richter, Steffen (Hrsg.): *Naturwissenschaft, Technik und NS-Ideologie. Beiträge zur Wissenschaftsgeschichte des Dritten Reichs.* Suhrkamp Taschenbuch Wissenschaft 303. Suhrkamp, Frankfurt am Main, 1980.

Mendelsohn, Everett; Smith, Merritt Roe; Weingart, Peter (eds.): *Science, Technology and the Military.* Sociology of the Sciences, vol. 12. Kluwer, Dordrecht/Boston/London, 1988.

Merton, Robert K.: *Social Theory and Social Structure.* The Free Press, New York, 1968.

Merton, Robert K.: *Entwicklung und Wandel von Forschungsinteressen.* Aufsätze zur Wissenschaftssoziologie. Übersetzt von R. Kaiser mit einer Einleitung von N. Stehr. Suhrkamp, Frankfurt am Main, 1985.

Meyer-Abich, Klaus Michael; Schefold, Bertram: *Die Grenzen der Atomwirtschaft. Die Zukunft von Energie, Wirtschaft und Gesellschaft.* Einleitung von Carl Friedrich von Weizsäcker. Mit einer Stellungnahme der Studiengruppe der Vereinigung Deutscher Wissenschaftler. Die Sozialverträglichkeit von Energiesystemen, Bd. 8. Beck, München, 1986.

Meyer-Abich, Klaus Michael: *Wissenschaft für die Zukunft. Holistisches Denken in ökologischer und gesellschaftlicher Verantwortung.* Beck'sche Reihe, Bd. 365. Beck, München, 1988.

Meyer-Abich, Klaus Michael: *Aufstand für die Natur. Von der Umwelt zur Mitwelt.* Hanser, München/Wien, 1990.

Mittelstaedt, Peter (Hrsg.): *Wissenschaft und Gesellschaft.* 5 Vorträge und ein Nachwort. Demokratische Existenz heute, Bd. 18. Carl Heymanns Verlag KG, Köln/Berlin/Bonn/München, 1972.

Müller-Hill, Benno: *Tödliche Wissenschaft. Die Aussonderung von Juden, Zigeunern und Geisteskranken 1933–1945.* Rororo aktuell. Rowohlt, Reinbek bei Hamburg, 1984.

Nakayama, Shigeru: *Science, Technology and Society in Postwar Japan.* Kegan Paul International, London/New York, 1991.

Opolka, Uwe (Red.): *Verantwortung und Ethik in der Wissenschaft.* Symposium der Max-Planck-Gesellschaft, Schloss Ringberg/Tegernsee, Mai 1984. Berichte und Mitteilungen der Max-Planck-Gesellschaft, Heft 3, 1984. Zweitabdruck: Wissenschaftliche Verlagsgesellschaft, Stuttgart, 1985.

Pavitt, Keith; Worboys, Michael: *Science, Technology and the Modern Industrial State.* Butterworths, London/Boston, 1977.

Petitjean, Patrick; Jami, Catherine; Moulin, Anne Marie (eds.): *Science and Empires. Historical Studies about Scientific Development and European Expansion.* Boston Studies in the Philosophy of Science, vol. 136. Kluwer, Dordrecht/Boston/London, 1992.

Postman, Neil: *Technopoly. The Surrender of Culture to Technology.* Knopf, New York, 1992. Deutsche Übersetzung: *Das Technopol. Die Macht der Technologien und die Entmündigung der Gesellschaft.* Fischer, Frankfurt am Main, 1992.

Rassow, Jürgen: *Risiken der Kernenergie. Fakten und Zusammenhänge im Lichte des Tschernobyl-Unfalls.* VCH, Weinheim, 1988.

Rebe, Bernd (Hrsg.): *Nutzen und Wahrheit. Triebkräfte der Wissenschaftsentwicklung und Grundorientierungen einer verantwortbaren Wissenschaftspolitik.* Cloppenburger Wirtschaftsgespräche, Bd. 6. Olms, Hildesheim, 1991.

Rhodes, Richard: *The Making of the Atomic Bomb.* Simon and Schuster, New York, 1986. Deutsche Übersetzung: *Die Atombombe oder Die Geschichte des 8. Schöpfungstages.* Greno, Nördlingen, 1988.

Röder, Werner; Strauss, Herbert A. (Hrsg.): *Biographisches Handbuch der deutschsprachigen Emigration nach 1933*, 3 Bde. Saur, München/New York/London/Paris, 1980–1983.

Rouban, Luc: *L'État et la science. La politique publique de la science et de la technologie.* Centre National de la Recherche Scientifique, Paris, 1988.

Schmitz, Rudolf (Hrsg.): *Wissenschaft und Gesellschaft. Herausforderungen und Wechselwirkungen in ihrer Zeit.* Wissenschaftliche Verlagsgesellschaft, Stuttgart und Umwelt & Medizin Verlagsgesellschaft, Frankfurt, 1978.

Schomberg, René von (ed.): *Science, Politics and Morality. Scientific Uncertainty and Decision Making.* Theory and Decision Library. Series A: Philosophy and Methodology of the Social Sciences, vol. 17. Kluwer, Dordrecht/Boston/London, 1993.

Schüler, Andreas: *Erfindergeist und Technikkritik. Der Beitrag Amerikas zur Modernisierung und die Technikdebatte seit 1900.* Steiner, Stuttgart, 1990.

Schumacher-Wolf, Clemens: *Informationstechnik, Innovation und Verwaltung. Soziale Bedingungen der Einführung moderner Informationstechniken.* Schriften des Max-Planck-Instituts für Gesellschaftsforschung Köln, Bd. 3. Campus, Frankfurt/New York, 1988.

Schürmann, Astrid: *Griechische Mechanik und antike Gesellschaft. Studien zur staatlichen Förderung einer technischen Wissenschaft.* Boethius, Bd. 27. Steiner, Stuttgart, 1991.

Seibold, Eugen: *Fördern durch Fordern. Ein Fazit.* Deutsche Forschungsgemeinschaft und VCH, Weinheim, 1985.

Seidel, Robert: Books on the Bomb. *Isis* 81 (1990), 519–537.

Seitz, Frederick: *The Science Matrix. The Journey, Travails, Triumphs.* Springer, New York etc., 1992.

Shcherbak, Iurii: *Chernobyl: A Documentary Story.* Translated from the Ukrainian by I. Press; foreword by D. R. Marples. Macmillan, Houndmills/London, 1989.

Shea, William R.; Sitter, Beat (eds.): *Scientists and their Responsibility.* Watson, Canton Mass., 1989.

Sieferle, Rolf Peter: *Fortschrittsfeinde? Opposition gegen Technik und Industrie von der Romantik bis zur Gegenwart.* Die Sozialverträglichkeit von Energiesystemen, Bd. 5. Beck, München, 1984.

Sieferle, Rolf Peter (Hrsg.): *Fortschritte der Naturzerstörung.* Suhrkamp, Frankfurt am Main, 1988.

Sieferle, Rolf Peter: *Die Krise der menschlichen Natur. Zur Geschichte eines Konzepts.* Suhrkamp, Frankfurt am Main, 1989.

Singer, Charles et al.; Williams, Trevor I. (eds.): *A History of Technology*, 8 vols. Oxford University Press, Oxford, 1954–1984.

Sitter, Beat; Weber, Rudolf (Hrsg.): *Wissenschaft in Frage gestellt.* Referate einer Vorlesungsreihe des Collegium generale der Universität Bern. Berner Universitätsschriften, Heft 25. Haupt, Bern, 1981.

Sitter, Beat (Hrsg.): *Wissenschaft in der Verantwortung. Analysen und Forderungen.* Symposium anlässlich der Jahresversammlung der Schweizerischen Naturforschenden Gesellschaft in Biel, 1985. Haupt, Bern, 1986.

Smith, Robert W.: *The Space Telescope. A study of NASA, science, technology, and politics.* Cambridge University Press, Cambridge etc., 1989.

Spiegel-Rösing, Ina; Price, Derek de Solla (eds.): *Science, Technology, and Society. A Cross-Disciplinary Perspective.* Sage, London/Beverly Hills, 1977.

Steneck, Nicholas H. (ed.): *Science and Society. Past, Present, and Future.* University of Michigan Press, Ann Arbor, 1975.

Stöhr, Martin (Hrsg.): *Von der Verführbarkeit der Naturwissenschaft. Naturwissenschaft und Technik in der Zeit des Nationalsozialismus.* Arnoldshainer Texte, Bd. 44. Haag + Herchen, Frankfurt am Main, 1986.

Süssmann, Georg: Das deutsche Uranprojekt im Zweiten Weltkrieg. In: Philipp Schäfer, *Verantwortung und Wissenschaft.* Symposion Universität Passau 11.–12. 1. 1990, S. 35–49.

Svilar, Maja; Braun, Richard (Hrsg.): *Gentechnologie: Chance oder Bedrohung.* Collegium generale Universität Bern, Kulturhistorische Vorlesungen 1988/89. Lang, Bern etc., 1989.

Tröger, Jörg (Hrsg.): *Hochschule und Wissenschaft im Dritten Reich.* Campus, Frankfurt/New York, 1984.

Varcoe, Ian; McNeil, Maureen; Yearley, Steven (eds.): *Deciphering Science and Technology: The Social Relations of Expertise.* Explorations in Sociology, vol. 27. Macmillan, Houndmills/London, 1990.

Vierhaus, Rudolf; Brocke, Bernhard vom (Hrsg.): *Forschung im Spannungsfeld von Politik und Gesellschaft. Geschichte und Struktur der Kaiser-Wilhelm-/Max-Planck-Gesellschaft.* Deutsche Verlags-Anstalt, Stuttgart, 1990.

Walker, Mark: *German National Socialism and the quest for nuclear power. 1939–1949.* Cambridge University Press, Cambridge etc., 1989. Deutsche Übersetzung: *Die Uranmaschine. Mythos und Wirklichkeit der deutschen Atombombe.* Siedler, Berlin, 1990.

Waterstone, Marvin (ed.): *Risk and Society: The Interaction of Science, Technology and Public Policy.* Technology, Risk, and Society, vol. 6. Kluwer, Dordrecht/Boston/London, 1992.

Webster, Andrew: *Science, Technology and Society. New Directions.* Macmillan, Houndmills/London, 1991.

Weisskopf, Victor F.: *The Privilege of Being a Physicist.* Freeman, New York, 1989.

Weizenbaum, Joseph: *Computer Power and Human Reason. From Judgment to Calculation.* Freeman, San Francisco, 1976. Deutsche Übersetzung: *Die Macht der Computer und die Ohnmacht der Vernunft.* Suhrkamp Taschenbuch Wissenschaft 274. Suhrkamp, Frankfurt am Main, 1978.

Weizsäcker, Ernst Ulrich von: *Erdpolitik. Ökologische Realpolitik an der Schwelle zum Jahrhundert der Umwelt.* 2., aktualisierte Auflage. Wissenschaftliche Buchgesellschaft, Darmstadt, 1990.

Wess, Ludger (Hrsg.): *Die Träume der Genetik. Gentechnische Utopien von sozialem Fortschritt.* Schriften der Hamburger Stiftung für Sozialgeschichte des 20. Jahrhunderts, Bd. 6. Greno, Nördlingen, 1989.

Wilkie, Tom: *British Science and Politics since 1945.* Blackwell, Oxford/Cambridge Mass., 1991.

Winner, Langdon: *Autonomous Technology. Technics-out-of-Control as a Theme in Political Thought.* MIT Press, Cambridge Mass./London, 1977.

Wussing, Hans (Hrsg.): *Geschichte der Naturwissenschaften.* Edition Leipzig, Leipzig, 1983.

Yanarella, Ernest J.; Ihara, Randal H. (eds.): *The Acid Rain Debate. Scientific, Economic, and Political Dimensions.* Westview Press, Boulder/London, 1985.

Zilsel, Edgar: *Die sozialen Ursprünge der neuzeitlichen Wissenschaft.* Herausgegeben und übersetzt von Wolfgang Krohn. Suhrkamp Taschenbuch Wissenschaft 152. Suhrkamp Verlag, Frankfurt am Main, 1976.

Zimmerli, Walther Ch. (Hrsg.): *Technologisches Zeitalter oder Postmoderne.* Fink, München, 1988.

# Über die Autoren

**François de Capitani** ist wissenschaftlicher Mitarbeiter des Schweizerischen Landesmuseums in Zürich. Er studierte Schweizergeschichte und mittelalterliche Geschichte in Bern. 1980 promovierte er mit einer Arbeit über die Helvetische Gesellschaft im 18. Jahrhundert: *Die Gesellschaft im Wandel – Mitglieder und Gäste der Helvetischen Gesellschaft*. Hauptarbeitsgebiet ist die Kulturgeschichte des 18. und 19. Jahrhunderts und ihre Umsetzung im Museum.

**Menso Folkerts** ist Direktor des Instituts für Geschichte der Naturwissenschaften an der Ludwig-Maximilians-Universität in München. Nach der Promotion 1967 in Göttingen war er von 1969 bis 1976 Assistent und Assistenzprofessor an der TU Berlin, wo er sich 1973 auch habilitierte. Von 1976 bis 1980 war er Professor für Geschichte der Mathematik in Oldenburg. Der Schwerpunkt seiner Forschungen liegt im Bereich der mittelalterlichen Mathematik; seine Arbeiten befassen sich u.a. mit den Boethius zugeschriebenen Geometrien, Alkuins *propositiones*, den lateinischen Euklidübersetzungen und Regiomontanus. Er ist Mitglied der Académie Internationale d'Histoire des Sciences und der Deutschen Akademie der Naturforscher Leopoldina.

**Armin Hermann** ist seit 1968 ord. Professor für Geschichte der Naturwissenschaften und Technik an der Universität Stuttgart. Er hat theoretische Physik studiert, an der Universität München über ein Thema der Elementarteilchenforschung promoviert und drei Jahre in Hamburg am Deutschen Elektronen-Synchrotron gearbeitet. Zu seinen zahlreichen Büchern gehören: *Weltreich der Physik, Wie die Wissenschaft ihre Unschuld verlor* und *Die Jahrhundertwissenschaft*. Er hat mit einem europäischen Team von Wissenschaftshistorikern die zweibändige *History of CERN* verfasst und war Mitherausgeber des Briefwechsels von Wolfgang Pauli. Professor Hermann ist Vorsitzender der Kepler-Gesellschaft und Vorsitzender des Wissenschaftlichen Beirates der Georg-Agricola-Gesellschaft.

**Helmut Holzhey** ist ord. Professor für Philosophie, insb. Geschichte der Philosophie an der Universität Zürich. Seine Dissertation beschäftigte sich mit *Kants Erfahrungsbegriff* (Basel/Stuttgart 1970). In weiteren Arbeiten, vor allem mit seinem zweibändigen Buch *Cohen und Natorp* (Basel/Stuttgart 1986), hat er die Ergebnisse seiner Forschungen zum Neukantianismus vorgelegt; im Zentrum steht dabei das Werk Hermann Cohens. Einen zweiten Arbeitsschwerpunkt bildet die Geschichte der deutschen Philosophie im 17. und 18. Jahrhundert; er zeichnet mitverantwortlich für den Deutschland-Band der Reihe 17. Jahrhundert im *Grundriss der Geschichte der Philosophie* (begr. von F. Ueberweg) und ist Herausgeber der Reihe 18. Jahrhundert des *Grundrisses*. Seit 1981 redigiert er die *Studia Philosophica* (deutschsprachiger Teil).

**Hermann Lübbe** ist Honorarprofessor für Philosophie und Politische Theorie an der Universität Zürich. Nach der Promotion 1951 in Freiburg i.Br. und der Habilitation 1956 in Erlangen Lehrtätigkeit als Dozent und Professor an den Universitäten Erlangen, Hamburg, Münster, Köln, Bochum, Bielefeld und Zürich. Von 1966–1970 Tätigkeit als Staatssekretär. Jüngste Buchpublikation: *Im Zug der Zeit. Verkürzter Aufenthalt in der Gegenwart*. Heidelberg, Berlin 1992.

**Peter Mathias** – an Honorary President of the International Economic History Association – has been Master of Downing College, Cambridge since 1987. He was Chichele Professor of Economic History at Oxford and a Fellow of All Souls College in 1968–1987, before which he was lecturer in history at Cambridge University. He is the author of *The First Industrial Nation* (Methuen 1969, 1983) and the *Transformation of England* (Methuen 1979). His principal research has been in the history of industrialisation and in business history.

**Erwin Neuenschwander** ist Privatdozent für Geschichte der Mathematik an der Universität Zürich und Kopräsident des Schweizerischen Landeskomitees der International Union of History and Philosophy of Science. Der derzeitige Schwerpunkt seiner Forschungstätigkeit liegt in der Mathematikgeschichte des 19. und frühen 20. Jahrhunderts, worüber er zahlreiche Arbeiten veröffentlichte. Daneben betreut er seit 1977 als Herausgeber die Fachbereiche Mathematik, Astronomie und Mechanik beim *Lexikon des Mittelalters*.

**Eugen Seibold** ist Emeritus der Christian-Albrechts-Universität zu Kiel, wo er von 1958 bis 1980 Direktor des Geologisch-Paläontologischen Instituts war. Der Schwerpunkt seiner Forschungen ist die Meeresgeologie. 1980–1985 war er Präsident der Deutschen Forschungsgemeinschaft, 1985–

1990 der European Science Foundation. Seit 1985 ist er Honorarprofessor an der Albert-Ludwigs-Universität in Freiburg i.Br. Er betreut mit Dr. Ilse Seibold an der dortigen Universitätsbibliothek das «Geologen-Archiv» der Geologischen Vereinigung.

**Vincent Ziswiler** ist ord. Professor für Spezielle Zoologie und Direktor des Zoologischen Museums der Universität Zürich. Forschungsaufenthalte in Cambridge, Mass. (Harvard), Leiden und Oxford; Forschungsreisen in Afrika, Australien, New Guinea und den südwestpazifischen Inseln. Im Zentrum seiner Forschungs- und Lehrtätigkeit stehen die Phänologie und die Kausalitäten der Evolution der Organismen.